Khayit Turaev Khudoynazarovich
Dilmurod Abdualievich Nabiev

Novos pigmentos à base de ácido tereftal: síntese e propriedades

Khayit Turaev Khudoynazarovich
Dilmurod Abdualievich Nabiev

Novos pigmentos à base de ácido tereftal: síntese e propriedades

Desenvolvimento da tecnologia de obtenção de pigmentos orgânicos à base de ácido tereftal Monografia

ScienciaScripts

Imprint

Any brand names and product names mentioned in this book are subject to trademark, brand or patent protection and are trademarks or registered trademarks of their respective holders. The use of brand names, product names, common names, trade names, product descriptions etc. even without a particular marking in this work is in no way to be construed to mean that such names may be regarded as unrestricted in respect of trademark and brand protection legislation and could thus be used by anyone.

Cover image: www.ingimage.com

This book is a translation from the original published under ISBN 978-620-6-14800-5.

Publisher:
Sciencia Scripts
is a trademark of
Dodo Books Indian Ocean Ltd. and OmniScriptum S.R.L publishing group

120 High Road, East Finchley, London, N2 9ED, United Kingdom
Str. Armeneasca 28/1, office 1, Chisinau MD-2012, Republic of Moldova, Europe
Printed at: see last page
ISBN: 978-620-5-90560-9

Khayit Turaev Khudoynazarovich, Nabiev Dilmurod Abdualievich,

NOVOS PIGMENTOS À BASE DE ÁCIDO TEREFTALÁTICO: SÍNTESE E PROPRIEDADES

ÍNDICE

ABREVIATURAS E SÍMBOLOS

Pc - phthalocyanine

CuPc – copper phthalocyanine

MPc - metal phthalocyanine

IR - infrared spectroscopy

SEM – scanning electron microscopy TG – thermogravimetric analysis

DTA - differential thermal analysis

DSK - differential scanning colorimeter

DTGA - Dynamic thermogravimetric analysis

PE - polyethylene

PET - polyethylene terephthalate

EA - elemental analysis

HOMO – Highest Occupied Molecular Orbital

LUMO – Lowest Occupied Molecular Orbital

Introdução

Actualmente, a rede de pigmentos orgânicos no mundo está a expandir-se cada vez mais. Os pigmentos orgânicos à base de anidrido ftálico diferem dos seus análogos pela maior intensidade de cor, melhor estabilidade térmica, e resistência aos solventes, bem como pela absorção de luz de largos comprimentos de onda. Além disso, as propriedades dos pigmentos à base de anidrido ftálico levaram a que o estudo dos pigmentos à base de outros compostos orgânicos seja uma das pesquisas mais importantes da actualidade. Portanto, a produção de pigmentos orgânicos com novas composições e propriedades e a melhoria dos seus mecanismos de síntese são de grande importância no mundo.

Actualmente, está a ser levada a cabo no mundo investigação científica orientada em áreas que incluem pigmentos orgânicos baseados em ácido tereftálico altamente eficaz. Como sabemos, os pigmentos orgânicos sintéticos começaram a ser produzidos na segunda metade do século XIX. Milhares de pigmentos deste tipo têm sido utilizados em várias indústrias, tais como tintas, tintas de impressão e tinturaria de plásticos e têxteis. A este respeito, é dada especial atenção ao desenvolvimento de pigmentos de alta qualidade e competitivos à base de ftalocianinas contendo azoto, fósforo e outros elementos, à investigação das propriedades dos pigmentos, e ao desenvolvimento da sua tecnologia de produção.

Na nossa república foram criados pigmentos de ftalocianina contendo novos compostos orgânicos com base em novas tecnologias inovadoras, com a ajuda destes pigmentos de ftalocianina foram obtidos certos resultados científicos e práticos para obter pigmentos com alta intensidade de cor, estabilidade térmica e resistência a influências externas, estando a ser conduzida uma investigação especialmente eficaz com o objectivo de criar pigmentos de ftalocianina com base numa nova abordagem.

CAPÍTULO I. MÉTODOS MODERNOS DE OBTENÇÃO DE PIGMENTOS ORGÂNICOS

1.1-§. Ftalocianinas e pigmentos com base nelas

No trabalho relacionado com pigmentos corantes baseados em compostos orgânicos, foi provado que moléculas individuais de trifenilmetano, xanteno, ftalocianina e tiazina não absorvem a luz na gama visível e não são cromogénicas. As moléculas individuais destes corantes são consideradas como partículas cromóforas necessárias para a coloração, mas não têm intensidade suficiente. Foi provado que os grupos de ftalocianina são compostos incolores no estado monomolecular, absorvem a luz na gama azul porque existem na substância sob a forma de complexos, dímeros, e compostos supramoleculares [1].

O anel de ftalocianina é um grupo aromático contendo 18 electrões delocalizados, e este grupo distingue-se pela sua característica de formar compostos intensamente coloridos. Especialmente os seus complexos metálicos são amplamente utilizados como pigmentos. Os pigmentos de ftalocianina de cobre são normalmente utilizados para colorir tintas modernas, tintas de impressão, plásticos, couro, e fibras sintéticas. A estabilidade térmica destes compostos é relativamente elevada [2].

Os pigmentos à base de ftalocianina estão divididos em 4 grupos principais:

1) ftalocianinas sem metal;

2) ftalocianinas preservadas em metal;

3) ftalocianinas sulfonadas;

4) ftalocianinas contendo cloro.

Entre estes grupos, os mais comuns e comercialmente disponíveis são a ftalocianina de cobre e os seus derivados [3]. A síntese do anel de ftalocianina é essencialmente um processo cíclico de tetramerização.

Ftalonitrilo, ftalimida, anidrido ftálico, 1,3-diiminoisoindole, etc. são utilizados como matéria-prima para este fim (Fig. 1.1).

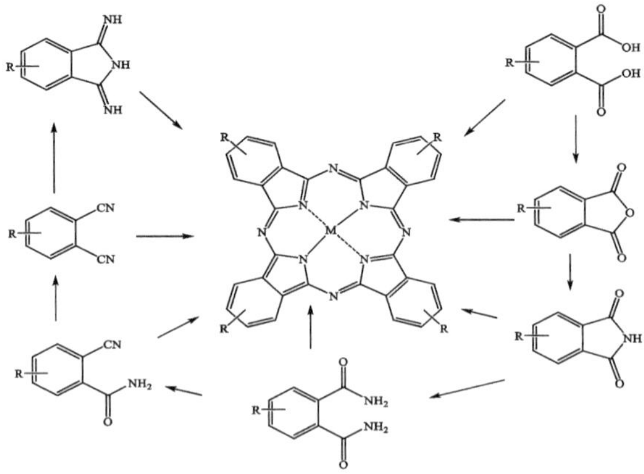

Figura 1.1. As principais substâncias utilizadas na produção de ftalocianinas [4].

A ftalocianina sem metal é raramente utilizada. Embora seja menos tóxica devido ao seu conteúdo não metálico, é relativamente cara a sua produção e tem menos coloração. A ftalocianina é principalmente derivada do ftalonitrilo. O rendimento da reacção é de cerca de 70-80% e baseia-se na reacção de ftalocianinas metálicas alcalinas com bases orgânicas [5].

Entre os complexos metálicos de ftalocianina, a ftalocianina de cobre tem um lugar especial, as suas propriedades são amplamente estudadas e amplamente utilizadas na indústria. Como corante, pode ser utilizada mesmo para polímeros inertes como o polietileno, o polipropileno. A sua intensidade de cor foi também estudada pelo método espectroscópico óptico. A fase amorfa na composição provou ser solúvel em dioxano e heptano, e foi formada uma verdadeira solução molecular de CuPc. Verificou-se que as moléculas de CuPc foram absorvidas em polietileno, polipropileno, polycaproamida e películas de triacetato de celulose. Foi demonstrado que o espectro óptico das moléculas individuais de CuPc é significativamente diferente do das partículas de pigmento. Foi caracterizado por linhas vibracionais intensas correspondentes a três p → p* transições características das estruturas aromáticas e uma série de linhas características da p → p* transições envolvendo átomos de azoto (<29000 cm^{-1}), mas no espectro visível (400-800 cm^{-1}) o pigmento não mostrou zonas de absorção características de dispersão [6].

Autores [7], as propriedades de síntese e coloração do catião de cobre ftalocianina (catião CuPc) foram destacadas. O catião CuPc sintetizado foi caracterizado por espectros de UV e considerado como tendo boa solubilidade em solução aquosa numa vasta gama de pH. O catião CuPc foi utilizado com sucesso no tingimento da fibra acrílica, e o tingimento foi realizado utilizando um método convencional. Foram investigados os efeitos de cinco variáveis importantes, tais como razão líquida, concentração de corante, tempo de tingimento, temperatura, e pH, no grau de tingimento (K/S) da fibra acrílica tingida. Verificou-se que o tingimento máximo era uma razão líquida baixa (100:1), concentração de corante elevada (6%), tempo óptimo de tingimento (60 min), 120°C e meio alcalino (pH=11) [7].

Au(III)-ftalocianina (Au-Pc) e Au(III)-2(3)-tetrakis(allyloxy)ftalocianina (Au-AoPc) foram sintetizadas usando ftalonitrilo, 3-alloxiftalonitrilo. Como material de base, foram obtidas nanopartículas de ftalonitrilo de 3-liloxi e ouro. As nanopartículas de ouro estabilizadas com N,N'-dimetilamino etanol foram preparadas a partir da solução de HAuCl4. Foram obtidas nanopartículas de ouro púrpura adicionando N,N'-dimetilamino ao etanol e reduzindo a solução de HAuCl4 em pH 6-7 à temperatura ambiente. Mais tarde, foram sintetizados materiais de tinta azul Au-Pc e verde Au-AoPc, reagindo nanopartículas de ouro com ftalonitrilo e 3-aloxiftalonitrilo a 120°C. Os complexos Au-Pc e Au-AoPc resultantes foram caracterizados por microscopia óptica, microscopia electrónica de transmissão, ultravioleta, visível, espectroscopia IR e espectrometria de massa de ionização por dispersão de electrões. A análise por microscopia electrónica de transmissão mostrou que os tamanhos das partículas estavam principalmente distribuídos entre 30-40 nm e 10-100 nm. Usando este método, as energias de intervalo da banda óptica (por exemplo 1,66 eV para a banda Q e 3,12 eV para a banda B de Au-Pc, 1,79 eV para a banda Q e 3,32 eV para a banda B de Au-AoPc para a gama) calculadas como nanopartículas de ouro estabilizado com N,N'-dimetil amino etanol, Au-Pc, e corantes solúveis Au-AoPc com baixa energia de intervalo de banda podem ser usadas para várias tecnologias em electrónica, pintura, sensores, e células solares [8].

A ftalocianina de cobre foi sintetizada numa matriz de gel de sílica xerogel utilizando um método in-situ recentemente desenvolvido utilizando um processo sol-gel. Usando espectroscopia UV e IR, foi provado que os iões de cobre presentes na forma de iões complexos $[Cu(H_2 O)]_4^{2+}$ e $[CuCl]_4^{2-}$ durante as fases de secagem e gel húmido não estão presentes na solução após a reacção. As moléculas de ftalocianina de cobre foram gradualmente sintetizadas in-situ durante a transição do gel húmido para o xerogel. O fenómeno de dimerização do CuPc no compósito é significativamente reduzido, porque as moléculas de CuPc sintetizadas pelo método "in-situ" estão bem isoladas nos microporos da matriz de xerogel. Ao adicionar vários aditivos aos pigmentos, uma das suas propriedades pode ser alterada. Por exemplo, o pigmento G verde à base de ftalocianina de cobre foi provado ser resistente à água e à abrasão ao revestir a superfície dos tecidos [9].

Os complexos de ftalocianina de quase todos os metais têm sido sintetizados até à data, e os complexos de ftalocianina de metais intermediários são estáveis e amplamente utilizados a nível industrial. Além disso, os compostos de ftalocianina têm a propriedade de polimorfismo, por exemplo, existem α, β e γ modificações de ftalocianina de cobre. Diferem umas das outras em termos de cor e estabilidade em solventes orgânicos. Todas as ftalocianinas metálicas consistem principalmente na modificação de β, que é causada pela utilização de temperaturas superiores a 200°C nos seus métodos de produção. A modificação α, que está presente a baixas temperaturas, pode ser obtida por condução a partir de uma solução de ácido sulfúrico sob baixa pressão. Contudo, a modificação α, que é bastante instável, volta rapidamente a ser a modificação β sob a influência de solventes orgânicos ou temperatura. α-modificação de ftalocianinas protegidas com cloro é mais estável e resistente aos solventes orgânicos. γ-modificação pode ser obtida dissolvendo as ftalocianinas metálicas em ácido sulfúrico diluído [10].

Foram estudadas análises espectroelectroquímicas de diferentes propriedades nanomorfológicas das ftalocianinas. O cobalto foi obtido por modificação da superfície do eléctrodo de grafite com ftalocianina. Neste caso, as ftalocianinas, que são utilizadas como materiais condutores de electricidade, são utilizadas na análise da morfologia da superfície de grafite [11.].

Compostos com anéis de porfirina e ftalocianina são também utilizados em terapia fotodinâmica como fotossensibilizadores devido à sua absorção de luz, não toxicidade, e elevada eficiência fotoquímica [12].

Foram estudadas as condições óptimas do processo de tingimento de materiais de lã com ácido trissulfónico de ftalocianina de cobre. O tratamento enzimático da lã foi também explorado para melhorar a tinturaria. Neste, são indicadas as condições óptimas entre a redução da resistência das fibras e a melhoria do nível de tingimento. Neste caso, os danos das fibras durante o tingimento foram analisados utilizando análise SEM, e o grau de alongamento e as suas alterações após o tingimento foram estudados. A solidez das cores foi estudada em relação à lavagem e fricção. Como resultado, foi criado um novo método no qual o processo de tingimento é realizado a 85°C em vez dos actuais 98°C [13].

A comparação de espectros IR de nanocristais de ftalocianina de cobre

(CuPc) obtidos por diferentes métodos revelou pequenas mas mensuráveis alterações em algumas frequências vibracionais de moléculas na superfície do nanocristal. Estas alterações são causadas pelas interacções electrostáticas entre os componentes polares dos nanocristais e os componentes polares das moléculas com uma estrutura molecular polar externa. As estruturas moleculares polares externas podem ser ligadas quimicamente à superfície do nanocristal de CuPc, ou podem ser localizadas à sua volta sem formar ligações químicas com o nanocristal. A modelação molecular (DMOL3- e cálculos Gaussianos) confirma a influência de espécies polares externas seleccionadas sobre a molécula de CuPc vicinal nas vibrações moleculares de CuPc e as mudanças experimentalmente observadas nas frequências vibracionais das configurações de ligação molecular de CuPc. Fornece pormenores sobre as forças envolvidas nestas interacções. A redução do número de inclusões polares externas foi realizada por centrifugação da dispersão aquosa de nanocristais ou extracção num aparelho Soxhlet baseado num solvente orgânico, e o seu número foi aumentado por imersão (secagem) dos nanocristais em soluções aquosas de alto e baixo pH com iões SO3 e OH. Estas modificações quantitativas e qualitativas da quantidade de espécies polares externas em torno dos nanocristais CuPc reflectiram-se na alteração correspondente das frequências vibracionais seleccionadas das moléculas de superfície CuPc, o que foi uma ferramenta eficaz para o reconhecimento de espécies moleculares. Algumas destas modificações também podem ser observadas a olho nu sob a forma de uma mudança de cor notável do pó nanocristal de CuPc. Isto deve-se ao coeficiente de absorção específico muito elevado dos nanocristais de CuPc, em resultado do qual a luz incidente é principalmente absorvida na superfície dos nanocristais. Alterações na estrutura electrónica neste ponto, como resultado de interacções com espécies quase polares, alteram os espectros de absorção do pó nanocristalino, o que altera a cor observada. Os dados preliminares sugerem que o método analítico descrito para a análise de partículas polares moleculares próximas dos nanocristais moleculares terá valor em muitos campos, desde a instrumentação molecular até aos materiais farmacêuticos. [14].

Foram estudadas as possibilidades de utilizar ftalocianinas como catalisadores em processos de oxidação catalítica de compostos orgânicos, e foi determinado que a actividade catalítica do dímero de ftalocianina de cobre na reacção de oxidação do 2-mercaptoetanol é óptima num ambiente com um pH de 11 [15].

Como uma nova direcção, vários catalisadores são utilizados para a decomposição fotocatalítica de substâncias orgânicas nos resíduos. O princípio de funcionamento de tais catalisadores baseia-se também na forte absorção de luz e na sua boa transmissão, tendo sido estudada a possibilidade de utilizar diferentes combinações de ftalocianinas para este fim. Foi sintetizado um KIT-6 de polímero tridimensional com poros interligados e utilizado para absorver ftalocianina de cobre sulfatada (CuPcS). O 3-(aminopropil)-trietoxissilano foi utilizado para ligar CuPcS às paredes do KIT-6. A utilização de dimetil sulfóxido como solvente resultou na absorção de grandes quantidades de CuPcs no KIT-6. CuPcS/NH2-KIT-6 foi exaustivamente caracterizado utilizando difracção de raios X, sorção BET e BHJ baseada na absorção de azoto, microscopia electrónica de varrimento, raio X dispersivo de energia, e microscopia electrónica de transmissão. O fotocatalisador foi testado para a degradação do 2,4-diclorofenol em soluções aquosas sob irradiação de luz visível e UV. Os resultados obtidos mostram que uma quantidade muito pequena de fotocatalisador pode proceder à degradação do diclorofenol de forma lenta e eficaz. O processo de decomposição é concluído em cerca de 0,2 horas, utilizando uma dose de 3 g/l do catalisador sob luz visível. A reutilizabilidade do catalisador é boa, e após quatro ciclos de utilização repetida, não foi observada nenhuma diminuição óbvia no seu desempenho. A cinética da fotodegradação e dos produtos intermédios foi estudada, e o mecanismo do fotocatalisador foi determinado com base nos resultados obtidos [16].

O processo de sintetizar corantes caros é um processo bastante complexo e não satisfaz plenamente os requisitos ambientais. Por conseguinte, foram desenvolvidos métodos de sintetização destes compostos de vários resíduos industriais que contêm o grupo ftálico. Foram também determinadas as condições para a síntese de corantes de anidrido ftálico contidos em resíduos de coqueria [17].

Durante a produção de pigmentos, os metais pesados são libertados nas águas residuais. A extracção de metais da composição destas águas residuais por método de sorção é também de grande importância ambiental [18].

A relativa estabilidade dos corantes de ftalocianina leva à preservação a longo prazo dos corantes no ambiente natural, que retiveram vários metais pesados. Agora o grau de decomposição destes corantes por vários representantes de fungos foi estudado, tendo sido alcançada uma elevada eficiência. Dezoito estirpes de fungos conhecidos pela sua capacidade de degradar lignocelulose ou derivados da lignina foram submetidos a rastreio para a sua descoloração de corantes têxteis reactivos utilizados comercialmente. Três corantes azóicos: Laranja Reactiva 96, Violeta Reactiva 5 e Preto Reactivo 5, dois corantes de ftalocianina: Azul Reativo 15 e Azul Reativo 38 foram seleccionados como representantes dos corantes utilizados a nível industrial. Das 18 cepas fúngicas testadas, apenas Bjerkandera adusta, Trametes versicolor e Phanerochaete chrysosporium foram capazes de descolorir todos os corantes testados. Durante a degradação do complexo níquel-ftalocianina, a toxicidade deste corante foi significativamente reduzida como resultado da acção do Reactive Blue 38, Bjerkandera adusta, Trametes versicolor. Foi conseguida uma grande desintoxicação pela exposição ao corante Reactive Violet 5, Bjerkandera adusta. Trametes versicolor e Bjerkandera adusta descoloridos por preparados de exoenzyme Reactive Blue 38 e Reactive Violet 5 foram descoloridos por H O_{22} - reacção dependente. A reacção específica das preparações de exoenzyme com corantes foi determinada e comparada com o grau de oxidação pela peroxidase comercial [19].

1.2. Obtenção de pigmentos com base na modificação de ftalocianinas

Para além dos compostos simples de ftalocianina, os seus compostos modificados com vários compostos orgânicos foram sintetizados e utilizados na produção de vários corantes. Como resultado desta abordagem, são obtidas ftalocianinas com diferentes propriedades, diferentes cores, menor toxicidade, maior eficiência económica e diferentes cores. As alterações introduzidas como resultado de tal modificação dividem-se em 4 grandes grupos: 1) adição de substitutos adicionais ao anel de benzeno; 2) substituição do anel de benzeno por outros heterócitos; 3) obtenção de extracomplexos como resultado da alteração do ião central; 4) utilização de outros compostos orgânicos na formação de anéis básicos [20].

Além disso, nos métodos modernos, os métodos de obtenção de compostos com várias propriedades especiais são também utilizados apenas pela modificação da superfície com a ajuda de nanopartículas. Por exemplo, a nanocomposição de ftalocianina de zinco com óxido de titânio foi utilizada como catalisador para a oxidação selectiva de compostos nitrosos aromáticos. A selectividade foi de 99% [21].

Reacção do 4-nitroftalonitrilo com ácido 4-aminobenzóico em dimetilsulfóxido na presença de carbonato de potássio deu 4-[(4'-carboxi)fenilamino]ftalonitrilo. Em seguida sintetizou tetra-4-[(4'-carboxi)fenilamino] ftalocianina. Foram estudadas as propriedades espectrais do produto. Foi provado que existe sob a forma de compostos complexos em soluções alcalinas de água, e em dimetilformamida principalmente sob a forma de monómero. Os pigmentos de ftalocianina com diferentes composições são sintetizados utilizando diferentes derivados de ftalonitrilo [22]. Substituição nucleófila do bromo em 4-bromoftalonitrilo por antraquinona, que foi utilizada para obter as ftalonitrilo de 4-[(2-hidroxi-9, 10-dioxo-9, 10- dihidroantracen-1-yl)oxy] ftalonitrilo, que foi utilizado para obter as ftalocianinas de cobalto correspondentes pelo método do nitrilo [23].

Alkoxyphenoxyphthalonitriles foram sintetizados por substituição nucleófila para obter resíduos fenólicos substituídos por 4-nitroftalonitrilo. A estabilidade dos ftalonitrilos e ftalocianinatos substituídos sintetizados na sua base (proporção 1:1) foi estudada por aquecimento num ambiente de argono-oxigénio. Verificou-se que a estabilidade térmica dos compostos obtidos e a perda de massa dos ftalocianinatos começou a temperaturas mais baixas em comparação com os ftalonitrilos correspondentes. As propriedades espectroscópicas dos complexos sintetizados foram estudadas em solventes orgânicos e ácido sulfúrico concentrado. A natureza das curvas espectroscópicas e a posição da banda de absorção principal dos complexos de ftalocianina são determinadas pelo efeito do complexo metálico e pela natureza do solvente. Note-se que foi observada uma mudança do máximo Q linear na absorção para os macrociclos estudados ao passar de solventes polares aprox. para solventes não polares. Os espectros de absorção electrónica em ácido sulfúrico mostram um deslocamento bathochromic significativo das linhas de absorção. Verificou-se que a introdução de um substituto alquídico aumenta o comprimento de onda, mas dificilmente afecta a posição do máximo de absorção. Um deslocamento bathochromic do máximo de absorção é observado durante a transição de complexos com Co(II) para Cu(II) [24].

Foram investigados dois métodos sintéticos para a obtenção de zircónio e di-hidroxiftalocianatos de háfnio (isto é, (a) utilizando zircónio e alcóxidos de háfnio como precursores reactivos e (b) hidrolisando zircónio e di-hidroxiftalocianatos de háfnio). A reactividade do zircónio e do háfnio dihidroxiftalocianatos em reacções de troca com β-diketones e ácido decanóico também foi estudada; foram comparados com zircónio e háfnio dicloroftalocianatos. A utilização de zircónio e háfnio di-hidroxiftalocianatos como precursores nas suas reacções com ligandos sensíveis ao ácido, tais como cetoésteres, foi considerada uma abordagem mais eficaz [25] (Fig. 1.2).

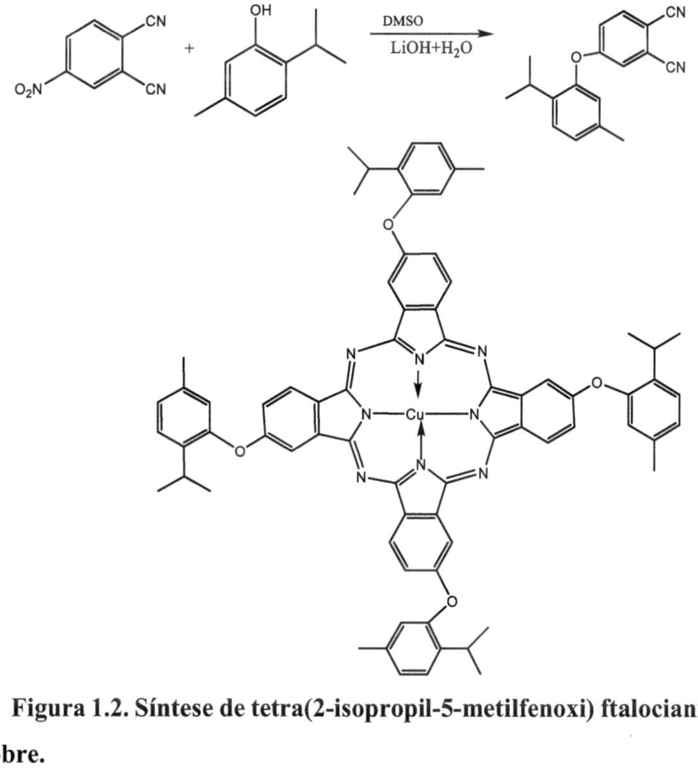

Figura 1.2. Síntese de tetra(2-isopropil-5-metilfenoxi) ftalocianina de cobre.

Foi sintetizada e estudada uma nova ftalocianina de cobre contendo substituintes fenoxídicos por espectrometria de massa e métodos de análise elementar. Os seus espectros de absorção de fotoluminescência foram examinados. Ao utilizar esta ftalocianina de cobre anexada a 4,4'-N,N'-dicarbazole-bifenil, foram preparados dispositivos orgânicos emissores de luz. O estado de electrofosforescência à temperatura ambiente é causado pela transição do estado de triplet mais excitado para o estado singlet (T1-S0) de CuPc observado a cerca de 1,1 mm [7,26] (Fig. 1.3).

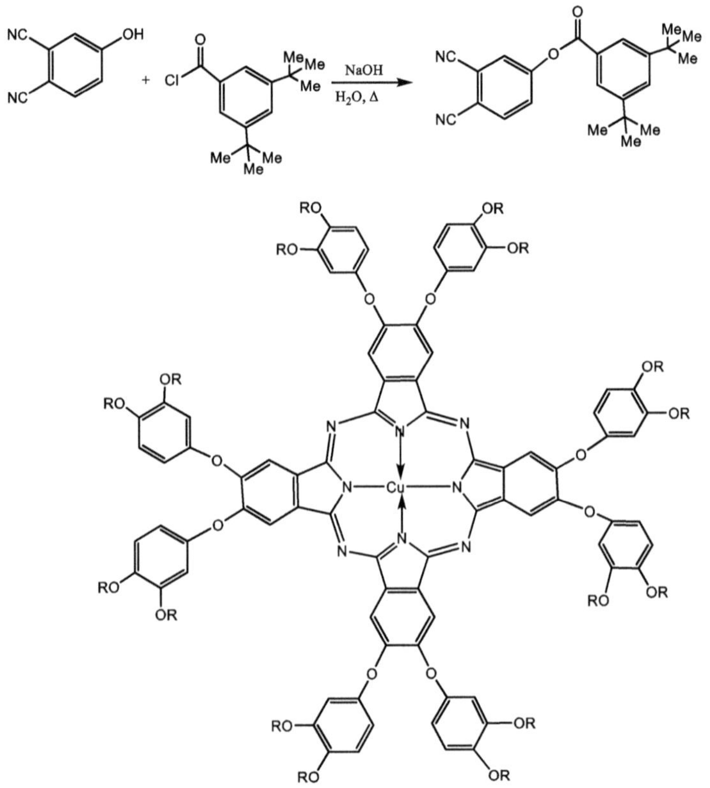

Figura 1.3. Síntese de ftalocianinas com derivados fenoxídicos.

A.S. Malyasova e co-autores sintetizaram pela primeira vez 3,4-dicianofenil 3,5-di-terc-butilbenzoato de 3,5-di-terc-butilo. O tetrakis de cobre (3,5-di-terc-butilbenzoiloxi) ftalocianina foi obtido pela primeira vez a partir deste composto usando ciclotetramerização. Os compostos resultantes foram identificados usando métodos espectroscópicos UV, visível, IR, 1H e 13C NMR. Constantes de acidez para formas protonadas de tetrakis de cobre (3,5-di-terc-butilbenzoiloxi) ftalocianina, bem como tetra (4-terc-butil) ftalocianina de cobre e as suas propriedades ligantes em CH_2Cl_2 - estudou-se o sistema de ácido trifluoroacético a 100% [27].

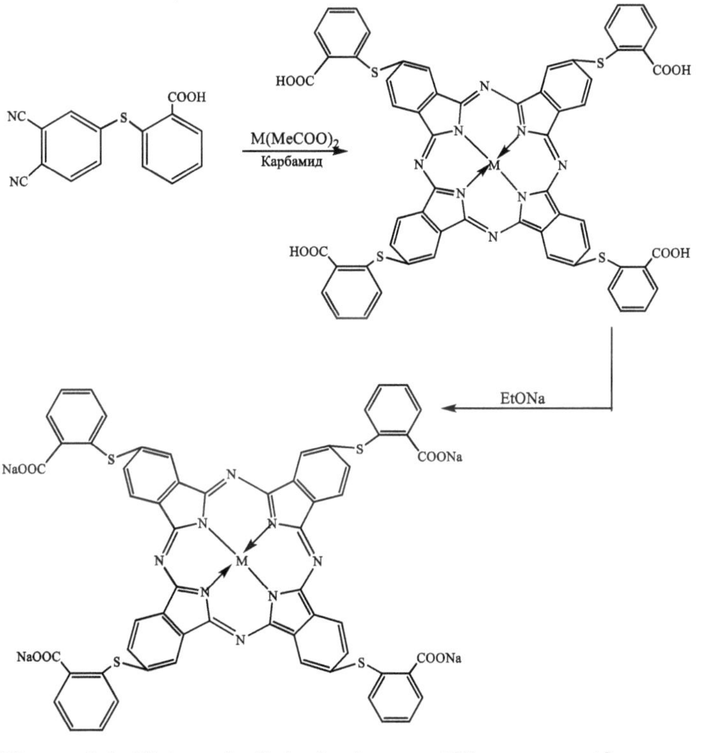

Figura 1.4. Síntese de ftalocianinas metálicas que retêm grupos fenilsulfanil.

Sais de sódio contendo grupos fenil sulfanil contendo MgII, CoII, CuII, MgII, CoII, CuII, e iões ZnII como átomos metálicos centrais de derivados de ftalocianina de ácidos carboxílicos foram sintetizados. Foram estudadas as propriedades de agregação de todos os complexos metálicos em soluções aquosas alcalinas. Foram estudadas as propriedades de luminescência dos derivados de ftalocianina com MgII e ZnII. Foram estudadas as propriedades catalíticas de macrociclos com CoII, CuII, e ZnII [28] (Fig. 1.4).

As principais propriedades das ftalocianinas mesogénicas e seus derivados foram revistas por Tsvivadze e Nosikova. Os materiais cristalinos líquidos baseados em moléculas de ftalocianina auto-montadas permitem obter novos materiais funcionais para sensores como catalisadores, matrizes ópticas e bioactivas, e materiais semicondutores. As propriedades mesomórficas e electrofísicas dos materiais baseados em ftalocianina cristalina líquida foram consideradas pelos investigadores, as possibilidades da sua utilização foram discutidas e a relação entre as propriedades da estrutura foi analisada. [29].

Foi provado que 3,3′,3″,3‴-tetraaminoftalocianinas de cobre (II), cobalto (II), níquel (II) e zinco podem ser utilizados como agentes antibacterianos. Um novo metal (II) 3,3′,3″,3‴ foi obtido por condensação de cobre (II), cobalto (II), níquel (II) e zinco 3,3′,3″,3‴-tetraaminoftalocianinas com metoxibenzaldeído. São descritas a síntese e caracterização de - tetrametoxifenilimino ftalocianinas substituídas (M-MeOPhImPcs). Os derivados de ftalocianina tetraimino-escuro-esverdeada foram estudados por vários métodos físico-químicos, incluindo análise elementar, propriedades magnéticas, electrões, IR, difracção de raios X, e análise termogravimétrica (TGA). A variação do momento magnético em função da intensidade do campo indica a presença de interacções intermoleculares [14,30] (Tabela 1.1).

Quadro 1.1

Propriedades de complexos metálicos de 3,3′,3″,3‴-tetraaminoftalocianina modificada com metoxibenzaldeído

№	O metal no complexo	Fórmula empírica	Cor	Momento magnético	Análise dos elementos (calculada)	Produto de reacção

1	Cobalto	$C\ H\ N_{6444124}OCo$	Verde escuro	2.82 2.72 2.66 2.58 2.49	C: 69.63; (69.44) H: 3.99; (3.92) N: 15.23; (15.15) Co: 5.34; (5.38)	88%
2	Cobre	$C\ H\ N_{6444124}OCu$	Verde escuro	2.75 2.68 2.61 2.59 2.48	C: 69.63; (69.44) H: 3.99; (3.92) N: 15.23; (15.15) Co: 5.34; (5.38)	91%
3	Níquel	$C\ H\ N_{6444124}ONi$	Verde escuro	-	C: 69.65; (69.66) H: 3.99; (3.79) N: 15.23; (15.12) Ni: 5,32; (5,36)	96%
4	Zinco	$C\ H\ N\ O\ Zn_{6444124}$	Verde escuro	-	C: 69.25; (69.05) H: 3.96; (3.91) N: 15.14; (15.10) Zn: 5.89; (5.84)	82%

As ftalocianinas de zinco são principalmente utilizadas em tintas sensíveis à luz e células solares devido às suas propriedades sensibilizantes. As suas modificações e composições com vários compostos são utilizadas como materiais híbridos eficazes. Foram estudadas sínteses de ftalocianinas contendo vários halogéneos no anel de benzeno e o efeito da sua adsorção no silício polimetálico na alteração da capacidade de transporte de energia dos corantes. Os complexos de ftalocianina contendo 4 e 8 átomos de flúor mostraram propriedades óptimas [31].

Extracomplexos de alumínio, háfnio, índio, zircónio e gálio contendo grupos cloro, nitro e hidroxo foram sintetizados. Os complexos resultantes foram identificados por análise elementar, métodos espectroscópicos UV e IR. Baseia-se na tetramerização dos ftalonitrilos di-substituídos na presença de iões metálicos. Além disso, como o átomo central é 3-valentes, foram formados complexos extra-complexos em vez de complexos planos. Foi demonstrado que quase todos os compostos podem ser utilizados na tecnologia de semicondutores, como sensores selectivos em analisadores de gases (Fig. 1.5).

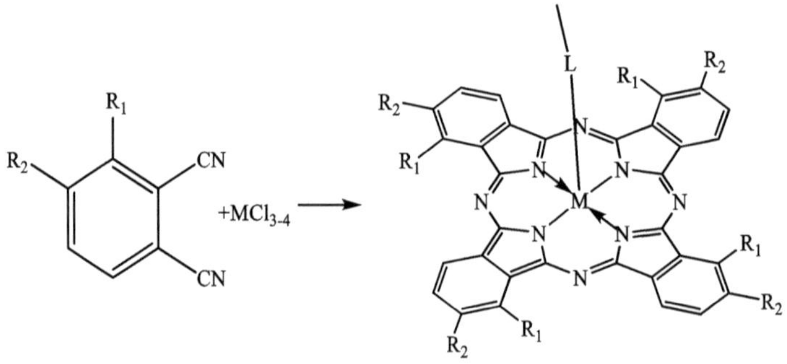

Fig. 1.5 Preparação de extracomplexos utilizando (III) metais valentes.

É utilizada para ligar proteínas de albumina de compostos obtidos por modificação de ftalocianinas de silício contendo halogéneo com polietilenoglicol. De acordo com os resultados dos efeitos dos compostos obtidos pela modificação dos átomos de halogéneo das ftalocianinas nas enzimas e proteínas, são apresentadas as possibilidades da sua utilização na indústria farmacêutica [32].

Compostos com sistemas p estendidos são obtidos através da substituição do grupo benzeno no anel de ftalocianina por um grupo de naftol. As naftalocianinas também formam compostos complexos relevantes com metais. Na síntese de complexos de cobre, magnésio, vanádio e metais de cobalto, o molibdato de amónio é obtido com um rendimento relativamente elevado a 260-270°C. As reacções efectuadas a 220°C e na presença de ureia têm um rendimento relativamente baixo. Quando estas reacções são realizadas em solventes tais como dimetilsulfóxido, tetrahidrofurano, o rendimento não excede 50% [33.]

Foram estudadas as propriedades ópticas e eléctricas das ftalocianinas de zinco modificadas com 4-oxiquinolina, e foi estudada a dependência do grau de modificação da alteração da intensidade da cor verde. As propriedades semicondutoras foram também investigadas utilizando métodos de análise voltamétrica. As suas propriedades de condutividade, alterações devidas à expansão de sistemas conjugados, foram consideradas. As ftalocianinas também foram recomendadas pelos autores para utilização como sensores e fotocondutores [34].

Os nanocompósitos foram preparados a partir de ftalocianina de alumínio polipirrol obtida por método de evaporação. A análise ultravioleta mostra que tem uma cor intensa, e o tamanho das nanopartículas depende do grau de modificação com o polipirrol. A obtenção de tais compostos muito finos obtidos sob a forma de película permite a sua utilização no futuro como método de tingimento de diferentes cores com baixo consumo [35].

Foram estudadas as propriedades eléctricas dos compostos compostos de polimetilmetacrilato com ftalocianina e ftalocianina metálica. Foi determinado que a condutividade eléctrica do polimetacrilato de metilo aumenta devido às propriedades do anel de ftalocianina. Verificou-se que estes compostos podem ser utilizados para obter tintas sensíveis à luz com diferentes composições [36].

Como resultado da modificação da superfície de grafite com ftalocianina fina de cobalto, são obtidos eléctrodos com propriedades especiais para determinar isómeros de desidroxibenzeno. Os eléctrodos foram preparados para a determinação de compostos orgânicos em produtos alimentares com 95% de precisão. A boa condutividade eléctrica da ftalocianina de cobalto permitiu a detecção simultânea de derivados de desidroxibenzeno com uma concentração de 5*10-6 mol/l [37].

Foram sintetizados derivados sulfolados de ftalocianina de cobre. Estes compostos são também utilizados como pigmentos solúveis em água. Os corantes amida foram obtidos por condensação de ftalocianinas com ciclohexilamina, acetil-p-fenilenodiamina, N,N-etilo, hidroxietil-p-fenilenodiamina. Os corantes de ftalocianina sulfonamida resultantes foram estudados por métodos físico-químicos [38].

Foram sintetizados compostos supramoleculares de perileno derivado (N , N '-bis (2-(trimetilamónio iodeto) etileno) perileno-3, 4, 9, 10-tetracarboxiimida) com ftalocianina de zinco e utilizados como pigmentos. Um derivado do perileno, N,N'-bis(2(trimetilamónio iodeto)etileno)perileno-3, 4, 9, 10-tetracarboxildiimida (TKDI), forma colunas de nanoescala em água que podem ser utilizadas para medições ópticas de absorção e emissão, dispersão dinâmica da luz, electrões de transmissão caracterizados por microscopia (TEM) e transmissão. Estas condições foram comparadas com as do metanol. Foi descrita a formação de ligações entre TKDI e tetrasulfogrupos de ftalocianina de zinco ($ZnPcS_4$) devido a interacções fortes e iónicas em meios aquosos [39].

O quadro 1.2 acima lista os métodos para a preparação de ftalocianinas com vários substitutos.

Quadro 1.2

Síntese de derivados de ftalocianina

Compostos utilizados para as principais matérias-primas de base	Átomo central	Tipos de substituição	Condições de Síntese	Literatura
Compostos contendo o anel de ftalocianina derivados da substituição de substitutos no anel de benzeno				

Ftalonitrilos 1,2-substituídos	Zn	flúor	Zn(OAc)$_2$, meio 1" de cloronaftaleno, 220 °C	[40;]
	Hg, Zn, Al, Ga, In, Cr	cloro, bromo	MClx sais, síntese de fusão210-240 °C	[41].
	Hg, Zn	bromo, iodo	MCl$_4$, fusão 210-240 °C	[42.]
Ftalonitrilos 2,3-disubstituídos	Zn	-	Zn(OAc)$_2$, 1-cloronaftaleno no ambiente,220 °C	[40]
1,2,3,4-Tetrasubstituição de ftalonitrilos	Zn	flúor	Zn(OAc)$_2$, 1-cloronaftaleno, 220 °C	[40]
	Fe		Fe(CO)$_5$, em meio de 1-metilnaftaleno a ferver	[43]
	Ru		[I(NH)$_{35}$ Ru^{III}]I$_2$, 230-240 °C	[44]
	Ru	cloro,	[I(NH)$_{35}$ Ru^{III}]I$_2$, 230-240 °C (40%)	[44]
	Em		InCl$_3$, 1-cloronaftaleno, 180 °C	[45]
5,6-ftaloimidas desubstituídas	SiCl$_2$	cloro,	SiCl4, em meios de quinoleína	[46, 47]
	Si	brómio	SiCl4, em meios de quinoleína	
4,5,6,7-tetrasubstituído anidrido ftálico	Cu	cloro,	CuCl, (NH)$_{22}$ CO, triclorobenzeno, 170-180 °C	[48.]
	Cu, Pb	cloro,	MCl$_2$, (NH)$_{22}$ CO, fusão por fusão, (NH)$_{42}$ MoO$_4$	[49]
1,2,4,5-tetranitrilebenzeno	H$_2$		LiOC H$_{37}$, HOC H $_{37}$	[4]
	Cu, Ni, Co, VO		Óxido de metal em ebulição ou hidróxido de dimetilaminoetanol	[50]
Кенгайтирилган π-тизимли фталоцианин ҳосилалари				
naftolonitrilo	Cu, V Mg,		CuCl, (NH)$_{42}$ MoO$_4$, термоядровий, 260- 270 °C, 5-6 с	[51]
anidrido ftálico purificado com antraceno	V		VCl$_3$, (NH)$_{22}$ CO, (NH)$_{42}$ MoO$_4$, 1- cloronaftaleno 235 °C, 4 h	[31]
	Em		InCl$_3$, (NH)$_{42}$ MoO$_4$, ДМФА, 220 °C, 2с	[51]

1.3. Aplicação de pigmentos de ftalocianina modificados como aditivos a tintas e polímeros

As partículas de polímero (partículas de látex colorido) contendo corantes solúveis em óleo foram obtidas por meio de polimerização por emulsão. A ftalocianina de cobre e os corantes styryl são utilizados como corantes solúveis em óleo. Os próprios corantes altamente hidrofóbicos desempenharam o papel de hidrofobos e asseguram a penetração completa dos corantes no látex sem hidrofobos adicionais. Dois corantes de ftalocianina de cor semelhante foram misturados utilizando mini-emulsão de polimerização, e o látex colorido resultante mostrou uma intensidade de cor suficiente como corante. Foram obtidos látices coloridos com um elevado teor de corante (mais de 30% em peso para corantes de ftalocianina e 40% para styryl) e látices coloridos com um tamanho de partícula inferior a 100 nm [52].

Apresenta-se que os corantes obtidos pela modificação do pigmento verde moído G no estado de partículas finas na presença de 3-aminoethyl-g-aminopropyl methyldimethoxysilane podem ser utilizados na tinturaria de tecidos. Neste caso, foi determinado que tinta de 0,04 mm de espessura e pigmento de 10% em relação ao monómero devem ser utilizados como condições óptimas. O pigmento obtido neste caso mostrou elevadas propriedades de abrasão e lavagem [53].

A interacção entre o catião anilina e o anião tetrasulfoftalocianina de cobre foi estudada em solução aquosa de ácido sulfúrico utilizando espectros de absorção electrónica. Quando anilina 0,15 M é introduzida na solução a uma concentração de corante de 10-3 M, o complexo (sal) entre o catião de anilina e o anião de tetrassulfoftalocianina de cobre começa a precipitar-se. Foi estudada a influência do corante na cinética da polimerização da anilina e as propriedades do polímero obtido. A ftalocianina acelera a electropolimerização da anilina e é imobilizada dentro da matriz do polímero. Foi demonstrado que o mecanismo de síntese auto-catalítica característico da polianilina é preservado no caso da composição da polianilina-cobre tetrasulfoftalocianina [54].

No nosso país estão também a ser realizadas várias investigações científicas sobre a síntese e modificação de pigmentos de ftalocianina. Os cientistas do Tashkent Research Institute of Chemical Technology têm um lugar especial neste campo.

Foram determinadas as condições ideais para a obtenção de ftalocianinas metálicas modificadas com diamidofosfato. As suas propriedades são estudadas por métodos físico-químicos. Cobre, níquel [55], cobalto [56], foram determinadas fórmulas estruturais aproximadas de corantes de ftalocianina modificados com diamidofosfato contendo ferro e metais de cádmio. A partir dos pigmentos obtidos, foi desenvolvida a base científica e prática da utilização de matérias-primas locais na produção de compostos de ftalocianina contendo azoto e fósforo na indústria química, foram determinadas as condições óptimas do processo de obtenção de compostos de ftalocianina contendo azoto e fósforo para materiais compostos poliméricos, incluindo revestimentos de verniz, a sua estrutura e outras características importantes. Foi desenvolvida a tecnologia de obtenção de revestimentos de pintura localizada resistentes a ambientes atmosféricos e externos agressivos com base em novos tipos de compostos de ftalocianina, foram desenvolvidas recomendações técnicas e tecnológicas para a obtenção de materiais de pintura localizada com base em novos tipos de compostos de ftalocianina [56-62].

Foram também obtidos pigmentos de ftalocianina contendo vários metais. Foi sintetizada uma nova composição de ftalocianinas de cobre e de cobre-cálcio que preservam a ftalocianina. Foram obtidos pigmentos em conformidade com os requisitos de GOST-6220-76 através do tratamento de ftalocianinas sintetizadas de cobre e cobre-cálcio-preservantes com 90% de ácido sulfúrico. Foram determinadas propriedades anticorrosivas, estáticas e dinâmicas de resistência dos produtos utilizando cobre sintetizado e pigmentos de ftalocianina que preservam o cobre e o cálcio. Ficou provado que as propriedades químicas, físicas e mecânicas dos revestimentos de polímeros e vernizes com pigmentos de cobre e de cobre-cálcio que preservam os pigmentos de ftalocianina dependem dos pigmentos de ftalocianina. Com base em anidrido ftálico, ureia, sais metálicos e catalisadores, foi desenvolvida uma tecnologia economicamente eficiente e amiga do ambiente para obter novos pigmentos de ftalocianina [63- 70].

É também amplamente utilizado no processo de coloração de polímeros de corantes de ftalocianina. As soluções de ftalocianina de cobre amorfo em dioxano e heptano são utilizadas no processo de coloração de polímeros à base de polietileno, polipropileno, polycaproamida e celulose. O processo de obtenção desses sais estáveis está directamente relacionado com o seu nível de coloração, estudado por métodos espectroscópicos electrónicos e infravermelhos [71].

Foi analisada a distribuição de cargas na superfície de polietileno como resultado de tingimento com diferentes pigmentos de ftalocianina, o grau de distribuição de corantes como resultado de processos de deformação. Neste caso, provou-se que o polietileno pintado com pigmentos de ftalocianina é 4 vezes melhor do que o polietileno pintado com tinta branca de titânio durante os processos de deformação [72; pp. 106-111].

Foram obtidas composições de polietileno contendo 1,0-2,0% de pigmento para uso agrícola. Materiais compósitos com 27-28% de transparência para raios visíveis, 22-23% de transparência para radiação infravermelha, e 80-82% de luminescência pós-ultravioleta [73; pp. 6-10].

Compostos compostos especiais foram sintetizados para colorir polímeros, e a sua composição foi determinada de acordo com as características dos materiais a serem tingidos. Uma dessas composições é um composto composto contendo 25-30% de pigmento azul de ftalocianina. Neste caso, foram utilizados alquilfenóis oxietilados, éteres monoalquílicos de etilenoglicol para aumentar o nível de dispersão [74;].

Para colorir polímeros e materiais baseados neles, foi obtida uma mistura de pigmento azul com epoxi oligoeter em várias proporções através da plastificação a 80-90°C durante 3-4 minutos e extrusão a 100-110°C [75].

Foram também utilizadas várias modificações de ftalocianina para aplicações em painéis solares, e a sensibilização das películas obtidas foi medida utilizando uma fonte de luz. A eficiência dos painéis solares medidos em 10 dias foi de 0,055% [76].

Foram estudadas as propriedades dos produtos lineares de polietileno de baixa densidade obtidos por tecnologia de moldagem rotacional. Foi considerado o efeito dos aditivos de pigmento e materiais secundários incluídos em tais composições no grau de alongamento, quebra, dureza e outras propriedades do produto. Foi determinado que as propriedades mecânicas dos compósitos contendo até 5% de corantes de ftalocianina não se alteram significativamente [77].

Verificou-se que a resistência térmica à deformação dos tubos de polipropileno a uma pressão de 0,45 MPa aumentou de 84°C para 105°C em compósitos contendo 0,5% de pigmento. Verificou-se também que a temperatura de cristalização aumentou até 15%. Foi considerada a possibilidade de utilizar pigmentos de ftalocianina para pintar tubos de polipropileno. Foram determinadas alterações nas propriedades físicas e mecânicas em comparação com as propriedades dos tubos de polipropileno puro [78; pp. 46-51].

Uma película de três camadas de polímero composto foi utilizada para proteger a pele. Neste caso, a camada exterior é feita de polietileno ou poliuretano, e a camada interior é feita de tereftalato de polietileno. Foram consideradas alterações nas propriedades mecânicas destas camadas com diferentes composições, pinturas e relações de espessura [79;].

Foi estudada a possibilidade de colorir o material PA6 resistente a altas temperaturas com enchimento de vidro com pigmento azul de ftalocianina.

Neste caso, verificou-se que possui capacidades eficazes de tingimento mesmo a altas temperaturas [80; pp. 55-58].

Foi estudado o efeito do pigmento azul de ftalocianina na cristalização e estrutura do polipropileno. A introdução do pigmento azul provoca um aumento da temperatura de cristalização do polipropileno. Utilizando o método de microscopia electrónica, foi determinada a dependência da temperatura de cristalização e a alteração do tamanho e forma das partículas de pigmento durante o processo de tingimento dos polímeros [81].

Os compostos de ftalocianina utilizados como corantes são praticamente insolúveis na água. Como resultado, os sols estáveis obtidos em solventes orgânicos são frequentemente utilizados na preparação de tintas. No entanto, mesmo quando um grupo de sulfato é introduzido por modificação, a sua solubilidade aumenta à custa do grupo hidrofílico e torna possível a preparação de corantes miscíveis em água [82]. A obtenção de suspensões aquosas estáveis de ftalocianinas é de grande importância prática. Para além da escolha dos solventes, os métodos de modificação da superfície das ftalocianinas podem ser utilizados como uma forma alternativa. Por exemplo, suspensões relativamente estáveis foram obtidas pela modificação da superfície de ftalocianina de cobre na presença de ácido esteárico com vários dispersantes [83].

Como resultado da modificação da superfície de ftalocianinas com compostos contendo grupos funcionais, foram desenvolvidas tecnologias para obter sols estáveis que podem ser armazenados por mais tempo em vários sistemas líquidos. Por exemplo, a estabilidade dos pigmentos modificados com 4-mercaptobenzenossulfoácidos foi considerada muito mais elevada em meios aquosos. No processo de criação de tais sistemas estáveis, métodos como a sulfocloração, hidroximetilação, halogenometilação são também utilizados [84,85].

Foi estudada a possibilidade de utilizar ftalatos de butilo como produto residual do processo de obtenção de álcool butílico por oxossíntese a éteres de celulose como plastificantes retardadores de chama [86].

Os polímeros de politereftalato de etileno (PET), que são amplamente utilizados actualmente, são muito lentos a degradar-se, e muitos problemas ambientais podem ser resolvidos através da reciclagem destes polímeros sustentáveis. Uma forma de eliminar os resíduos de PET é reciclá-los quimicamente. Foram desenvolvidos métodos de obtenção de compostos endurecedores para poliuretanos de espuma, fenoplastos de espuma, oligoéteres, resinas poliéster insaturadas, e resinas epoxídicas a partir de PET secundário [87].

Em 2018, mais de 359 milhões de toneladas de plástico foram produzidas em todo o mundo, esperando-se um crescimento significativo num futuro próximo, o que levou a um desafio global de gestão do fim de vida. A recente descoberta de enzimas que decompõem plásticos que são considerados não biodegradáveis abre oportunidades para deslocar a indústria de reciclagem de plástico para o domínio da biotecnologia. A conversão sequencial do tereftalato secundário de polietileno (PET) em dois tipos de bioplásticos foi demonstrada: poli-hidroxialcanoatos de médio comprimento e novos poli(amida uretanos) biobásicos. As películas PET são hidrolisadas com hidrolase de poliéster termoestável, produzindo tereftalato altamente puro e etilenoglicol. O hidrolisado resultante é directamente utilizado como matéria-prima para a decomposição de Pseudomonas umsongensis GO16, que se tornou também uma matéria-prima para a conversão eficiente de etilenoglicol e a produção de poli-hidroxialcanoatos. A estirpe é então modificada para secretar hidroxialcanoatos, que são utilizados como monómeros para a síntese químico-catalítica de poli(amida uretano). Os autores identificaram um novo valor de processo tecnológico para a reciclagem de PET. Evitando os caros métodos de purificação dos monómeros de PET, é possível implementar uma nova flexibilidade tecnológica baseada na reciclagem dos plásticos. [88].

A biodegradação dos plásticos é uma forma promissora de contrariar a crescente poluição do nosso planeta com polímeros fabricados pelo homem e de desenvolver estratégias de reciclagem amigas do ambiente. O politereftalato de etileno (PET) é um termoplástico que tem sido produzido industrialmente a partir de matérias-primas fósseis desde a década de 1940 e é hoje amplamente utilizado em embalagens e têxteis. Embora existam processos industriais estabelecidos para a reciclagem de PET, grandes quantidades de PET ainda acabam no ambiente - grande parte delas nos oceanos do mundo. Em 2016, a bactéria Ideonella sakaiensis tem a capacidade de decompor o PET e utilizar os produtos de degradação como a única fonte de carbono para o crescimento. A Ideonella sakaiensis abriga a principal enzima responsável pela decomposição do PET em monómeros. Esta hidrolase pode ter um grande potencial para o desenvolvimento de processos de biodegradação e reciclagem de PET, bem como métodos de biorremediação de resíduos plásticos ambientais. Foi criada uma colónia de células microbianas capaz de produzir grandes quantidades desta enzima de decomposição PET e de libertar os produtos resultantes no ambiente. Experiências preliminares de degradação a 30°C mostraram actividade destas enzimas contra o PET e o copolímero politereftalato de polietileno glicol [89].

Compostos oligoméricos derivados da ureia, ácido fosfórico e óxidos metálicos também têm sido utilizados como cargas e aditivos para vários materiais poliméricos. Neste caso, as cargas causaram um aumento da temperatura de combustão dos polímeros [90-92].

Foram adicionados compostos à base de ácido tereftálico e óxidos metálicos como aditivos a materiais poliméricos. As substâncias obtidas foram estudadas através de análise IR-spectroscópica e SEM. Verificou-se que os tereftalatos metálicos obtidos desta forma melhoram significativamente as propriedades físico-químicas dos polímeros [93-95].

Conclusões sobre o capítulo I

Durante a análise da literatura, foram estudados os tipos de compostos de ftalocianina e as suas possibilidades de utilização como pigmentos, dispositivos electrónicos, sensores e catalisadores. São dados métodos de obtenção de compostos com propriedades especiais através da sua modificação. Actualmente, os principais métodos de modificação de compostos de ftalocianina são explicados com exemplos. São fornecidas informações sobre as suas principais modificações utilizadas na indústria de lacas.

São apresentados estudos sobre os métodos de degradação dos compostos de ftalocianina no ambiente natural e a degradação biológica dos tereftalatos de polietileno.

CAPÍTULO II. SÍNTESE E MÉTODOS DE INVESTIGAÇÃO DE NOVOS PIGMENTOS ORGÂNICOS QUE CONTENHAM METAIS À BASE DE ÁCIDO TEREFTÁLICO

2.1-§. Objectos de investigação

O ácido tereftálico é uma substância cristalina branca incolor que é praticamente insolúvel na água e no ácido acético. Solúvel em solventes orgânicos - 6,7 g/100 ml em dimetilformamida e 20 g/100 ml em dimetilsulfóxido. A massa molecular do ácido tereftálico é M=166,14 g/mol, densidade d204=1,51 g/cm^3 , temperatura de fusão Tq = 427 °C, ponto de ebulição Tqay = 680 °C.

Ureia (ureia) - pó cristalino branco, fórmula química CO(NH2)2, massa molecular M=60,06 g/mol, densidade d204=1,32 g/cm^3 , temperatura do líquido Líquido = 132,7°C, temperatura de ebulição Tqay = 174°C. É bem solúvel em água, solúvel em alguns solventes orgânicos, em particular álcool etílico e metílico, glicerina e éter.

O anidrido ftálico é uma substância cristalina branca incolor, quase insolúvel na água, moderadamente solúvel em solventes orgânicos. A massa molecular do anidrido ftálico é M=148,12 g/mol, densidade д204=1,527 g/cm^3 , ponto de fusão Tsuyuq = 130,85°C, ponto de ebulição Tqay = 284°C. Exibe propriedades de compostos aromáticos. Quando aquecido em álcool na presença de ácido sulfúrico, forma mono e dietas complexas, poliéteres com álcoois policídricos (resinas alquídicas). Quando o anel de benzeno é clorado, forma-se monómero de anidrido tetracloroftálico para produzir resinas de têmpera. O anidrido ftálico é utilizado como matéria-prima na produção de materiais tais como polímeros, vários pigmentos de tinta.

O cloreto de cobre (I) é um pó branco ou verde pouco solúvel em água. Massa molecular de cloreto de cobre M= 98,999 g/mol, densidade d=4,145 g/cm3, temperatura do líquido Tsuyuq = 426°C, ponto de ebulição Tqay = 1490°C, fórmula química CuCl.

Cloreto de cobalto (II) - Cristais hexagonais vermelhos paramagnéticos higroscópicos brilhantes, a cor torna-se azul quando desidratado. Ponto de fusão 735°C, ponto de ebulição: 1049°C, condutividade eléctrica molar 260,7-cm²/mol a uma diluição infinita a 25°C. Densidade relativa (água=1): 3,356, a pressão de vapor a 770°C é de 5,33 kPa. Solúvel em água, álcool metílico e etílico, acetona. Insolúvel em piridina e acetato de metilo.

O cloreto de cálcio (II) é uma substância inorgânica cristalina branca e inorgânica. A massa molecular do cloreto de cálcio $M = 111,08$ g/mol, densidade $d = 2,15$ g/cm3, temperatura do líquido Tyuyuq = 772°C, ponto de ebulição Tqay = 1935°C, fórmula química $CaCl_2$.

O heptamolibdato de amónio é um composto inorgânico com a fórmula química $(NH)_{46}$ $Mo7O_{24}$ $-4H_2 O$. É utilizado como catalisador para a síntese de pigmentos orgânicos de ftalocianina. É bem solúvel em água e forma hidratos cristalinos.

O ácido sulfúrico é um ácido forte com $H_2 SO_4$ 2 base. Líquido oleoso, incolor e pesado em condições normais; densidade 1,83 g/cm3 (a 15°C), ponto de congelação 10,45°C, ponto de ebulição 296,2°C. Quando o ácido sulfúrico se dissolve na água, liberta muito calor. Ao arrefecer soluções de ácido sulfúrico em água, os seus hidratos contendo $H_2 SO_4 -H_2 O$, $H_2 SO_4 -2H_2 O$, $H_2 SO_4 -4H_2 O$ foram obtidos.

§ 2.2. Métodos de investigação

2.2.1. Síntese do ácido tereftálico

A hidrólise alcalina do tereftalato de polietileno foi descrita pela primeira vez por Waters em 1950 [96]. Sabe-se que o PET é muito resistente a soluções alcalinas fracas, resistente a soluções alcalinas concentradas à temperatura ambiente e começa a decompor-se apenas no ponto de ebulição [97] Isto deve-se à alta densidade de embalagem do PET não só em soluções cristalinas mas também em partes amorfas. Mas este é um indicador qualitativo aproximado da estabilidade dos polímeros.

Só por clivagem hidrolítica repetida é que o polímero pode ser decomposto em fragmentos correspondentes a uma unidade monomérica. O relevo superficial é formado durante um certo período de tempo e não se altera depois disso [98]. Segundo alguns investigadores, a peculiaridade da reacção de hidrólise do PET com hidróxido de sódio é a sua aceleração espontânea, que se explica pela actividade da fase amorfa e pelo aumento do número de grupos ácidos. A reacção de hidrólise do PET com hidróxido de sódio é a seguinte:

$$H\text{---}\left[O\text{---}CH_2\text{---}CH_2\text{---}OOC\text{---}\langle C_6H_4\rangle\text{---}CO\right]_n\text{---}OH + 2nNaOH \longrightarrow$$

$$\longrightarrow nH_2C(OH)\text{---}CH_2(OH) + nNaOOC\text{---}\langle C_6H_4\rangle\text{---}COONa + (2n-1)H_2O$$

1750-1800 rpm para obter ácido tereftálico a partir de PET secundário. Foi utilizado um reactor equipado com um agitador mecânico de alta velocidade e um termómetro. A hidrólise do tereftalato de polietileno é realizada na seguinte sequência.

Para o estudo, utilizámos principalmente PET secundário. O processo foi realizado durante 2 horas a uma temperatura de 95-100°C utilizando uma solução de hidróxido de sódio a 40%. Foi formada uma solução aquosa de tereftalato de sódio como produto de reacção. A solução resultante foi então diluída com água e filtrada para remover o PET não reagido. A solução resultante foi neutralizada com ácido sulfúrico. O ácido tereftálico formado foi separado sob a forma de um precipitado de pó branco, porque não era bem solúvel em água. O precipitado foi filtrado e depois lavado 3-4 vezes com água a ferver. Secámos o produto acabado numa estufa de secagem a uma temperatura de 55-60°C até atingir uma massa constante. O ácido tereftálico obtido foi utilizado como matéria-prima para a síntese de pigmentos orgânicos, que são o principal foco da nossa investigação.

2.2.2. Métodos de determinação da estrutura e propriedades das substâncias sintetizadas e das ferramentas e equipamentos utilizados

Espectrometria **IR-IR-spectroscopia** (Espectrómetro Fure feito no Japão. Foram efectuados estudos espectroscópicos IR no espectrómetro de infravermelhos SHIMADZU (gama 4000-600 cm-1, dimensões 4 cm-1) no método do pó. A fim de descobrir se existe uma diferença nas propriedades físico-químicas, e em outros casos semelhantes, bem como a composição das substâncias sintetizadas, a composição das substâncias sintetizadas foi simulada utilizando espectroscopia IR. - 10-3 m) analisando o espectro IR, que grupos funcionais estão presentes e a que classe pertencem as amostras.

Microscópio Electrónico de Varrimento (SEM) - O recém-sintetizado polímero semicondutor e corantes à base de ftalocianina foram estudados com um microscópio electrónico de varrimento MIRA 2 LMU equipado com um sistema de microanálise dispersiva de energia INCA Energy 350. Um microscópio electrónico de varrimento mostra o grau de reacção das substâncias, a composição e estrutura das camadas próximas da superfície a partir da imagem da amostra ampliada em 100, 200, 500 e 1000 vezes. Ao mesmo tempo, pode ser visto a partir das imagens 100 a 500 vezes ampliadas de substâncias semicondutoras tais como polianilina, óxido de grafite, corantes à base de ftalocianina contendo silício, cobre e zinco que a porosidade dos cristais de corante é elevada e a ausência de aditivos aumenta a intensidade dos pigmentos.

Análise elementar - a composição dos pigmentos orgânicos obtidos utilizando esta análise e lok - os corantes preparados na sua base foram analisados com base na análise elementar, equipada com o sistema de microanálise dispersiva de energia INCA Energy 350, com base nos dados do microscópio electrónico de varrimento MIRA 2 LMU. Este método de análise elementar foi concebido para determinar qualitativa e quantitativamente a composição elementar das substâncias inicial e recentemente sintetizadas em vários estados agregados, por exemplo: substâncias e materiais líquidos, sólidos e gasosos.

Análise térmica - A estabilidade térmica dos pigmentos sintetizados e lacas com base neles foi analisada por métodos térmicos diferenciais e termogravimétricos no dispositivo da empresa japonesa SHIMADZU. SHIMADZU (análise térmica simultânea) TGA e análise simultânea dos métodos de análise TGA-DTA, TGA-DSC é uma plataforma de análise térmica fácil de usar, fiável e de alto desempenho. Foi estudada no vitroferramenta a uma velocidade de 10 graus/min, à sensibilidade do galvanómetro T-900, TG-200, DTA-1/10, DTG-1/10, através do registo automático do vitroferramenta em papel fotográfico. Uma amostra dos pigmentos estudados com uma massa de 35-46 mg foi colocada num cadinho feito de óxido de alumínio e platina, sem tampa, resistente à temperatura de 1650°C, com um diâmetro de 10 mm. O modo diferencial de aquecimento foi realizado em condições atmosféricas. Os pigmentos sintetizados durante a análise foram analisados termicamente até uma temperatura de 20-600°C. Além disso, foram provados pontos endotérmicos e exotérmicos dos pigmentos.

Os espectrofotómetros UV-UV são utilizados para determinar a quantidade de substâncias e componentes em soluções, para medir as propriedades ópticas das amostras, bem como para vários fins de investigação.

Máquina de ensaio universal - as propriedades mecânicas das amostras, como a resistência à ruptura e à tracção, foram estudadas no dispositivo AGS-X da empresa Shimadzu, fabricado no Japão. Foram realizadas experiências à temperatura ambiente a uma tensão máxima de 10 kH.

2 3. § Síntese de novos pigmentos orgânicos contendo metais à base de ácido tereftálico e estudo da influência de vários factores no processo de síntese

2.3.1. Síntese do pigmento orgânico M-1 e o efeito de vários factores no processo de síntese.

Para realizar a experiência, foram misturados 16,6 g (0,1 mol) de ácido tereftálico, 14,8 g (0,1 mol) de anidrido ftálico, 30 g (0,5 mol) de ureia, 4,95 g (0,05 mol) de cloreto de cobre (I) e 0,31 g (0,0005 mol) de heptamolibdato de amónio como catalisador. A mistura de substâncias resultante foi lentamente aquecida no forno SNOL-8.2/1100 até se tornar um líquido a 130-135°C. A esta temperatura, o anidrido ftálico e a ureia liquefazem, o ácido tereftálico dissolve-se nesta liquefacção. Após a liquefacção completa, a mistura foi aquecida num forno a 195°C durante 1 hora.

Após a conclusão da reacção, formou-se uma substância castanha porosa no recipiente. A substância resultante foi arrefecida à temperatura ambiente e misturada com 10 ml de ácido sulfúrico concentrado a 92%, resultando numa solução verde escuro profundo. A solução foi lavada várias vezes com água destilada em ebulição até se obter um meio neutro. Os produtos iniciais e produtos intermédios que não entraram na reacção foram dissolvidos. O pigmento orgânico M-1 resultante precipitou e foi filtrado utilizando uma bomba de vácuo num funil Buchner. O produto final foi seco numa estufa a 60°C a uma massa constante. O pigmento orgânico seco é peneirado numa argamassa e o pigmento orgânico acabado é pesado. O procedimento foi realizado com base na seguinte equação de reacção e o rendimento do produto calculado foi de 87,6%.

Foram estudadas as condições óptimas, as propriedades físico-químicas do pigmento orgânico M-1 obtido, tendo sido apresentada principalmente a informação sobre a melhor composição óptima do pigmento orgânico obtido com o maior rendimento. O quadro 2.1 abaixo mostra os efeitos da temperatura e a relação dos materiais de partida no rendimento do produto na síntese do pigmento orgânico M-1 altamente eficiente [100

Quadro 2.1.

Efeito da temperatura e proporção dos materiais de partida no rendimento do produto na síntese de pigmentos orgânicos da marca M-1

1	Тк:Fa:CaR:CuCl	T, °C	ω,%	№	Тк:Fa:Car:CuCl	T, °C	ω,%
1		175	11,5	13		175	47,4
2	1:1:1:0,25	195	23,5	14	1:1:5:0,25	195	68,5
3		210	22,5	15		210	63,2
4		225	22,1	16		225	61,2
5		175	25,4	17		175	71,2
6	1:0,7:1:0,25	195	28,3	18	1:1:5:0,5	195	87,6
7		210	28,4	19		210	83,3
8		225	23,6	20		225	80,2
9		175	38,1	21		175	68,5
10	1:1:3:0,25	195	42,4	22	1:1:5:0,75	195	72,4
11		210	43,1	23		210	71,1
12		225	40,5	24		225	70,3

Muitas experiências foram conduzidas na síntese do pigmento orgânico M-1 sob diferentes condições e proporções. Como resultado da investigação, o rendimento do pigmento obtido foi calculado em função da temperatura e da relação dos componentes. A temperatura ideal de reacção foi de 195°C, e o pigmento orgânico obtido na razão 1:1:5:0.5 foi o rendimento mais elevado. Um gráfico que representa o efeito da temperatura e da razão molar das substâncias iniciais é mostrado na Figura 2.1 abaixo.

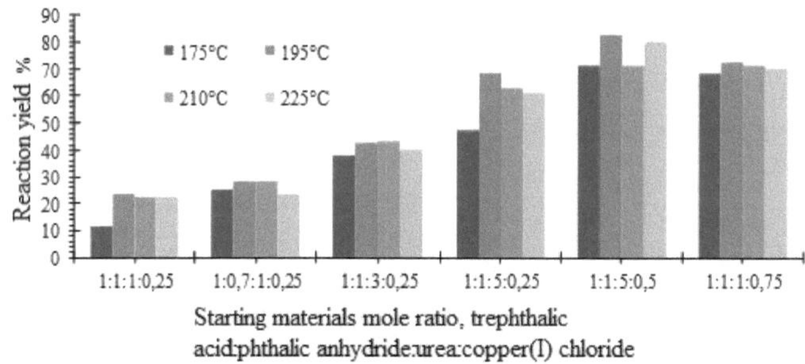

Figura 2.1. O efeito da quantidade de materiais de base e da temperatura no rendimento da reacção do pigmento orgânico M-1

2.3.2. Síntese do pigmento orgânico de marca M-2 e influência de vários factores no processo de síntese.

O processo de síntese foi realizado por aquecimento a alta temperatura.

16,6 g (0,1 mol) de ácido tereftálico, 14,8 g (0,1 mol) de anidrido ftálico, 30 g (0,5 mol) de ureia, 4, 95 g (0,05 mol) de cloreto de cobre(I), 11,1 g (0,1 mol) de cloreto de cálcio e 0,31 g (0,005 mol) de heptamolibdato de amónio foram adicionados e agitados. A mistura de substâncias resultante é lentamente aquecida no forno SNOL-8.2/1100, até formar um líquido a 130-135°C. A esta temperatura, o anidrido ftálico e a ureia liquefazem, o ácido tereftálico dissolve-se nesta liquefacção. Após a liquefacção completa, a mistura é aquecida num forno a 185°C durante 1 hora.

Após a conclusão da reacção, formou-se uma substância castanha porosa no recipiente. A substância resultante foi arrefecida à temperatura ambiente e misturada com 10 ml de ácido sulfúrico concentrado a 92%, resultando numa solução verde escuro profundo. A solução é lavada várias vezes com água destilada a ferver até se formar um meio neutro. Os produtos primários e intermédios que não entraram na reacção são dissolvidos. O pigmento orgânico M-2 resultante é precipitado e filtrado usando uma bomba de vácuo num funil Buchner. O produto final é seco numa estufa de secagem a 60°C até atingir a massa final. O pigmento orgânico seco é triturado numa argamassa e peneirado, e o pigmento orgânico acabado é pesado numa balança. Ao calcular o produto acabado, o rendimento foi de 91,1%.

Foram estudadas as condições óptimas, propriedades físicas e químicas do pigmento orgânico M-2 obtido, e foram apresentadas informações sobre a composição óptima do pigmento orgânico obtido com o maior rendimento. O quadro 2.2 abaixo mostra os efeitos da temperatura e a relação dos materiais de partida no rendimento do produto na síntese do pigmento orgânico M-2 altamente eficaz.

Quadro 2.2.

Efeito da temperatura e proporção dos materiais de partida no rendimento do produto na síntese de pigmentos orgânicos da marca M-2

№	Ta:Fa:U:CuCl:CaCl$_2$	T, °C	ω, %	№	Ta:Fa:U:CuCl:CaCl$_2$	T, °C	ω, %
1	1:1:1:0,25:0,25	170	15,4	9	1:1:5:0,5:1	170	82,1
2		185	25,4	**10**		**185**	**91,1**
3		200	23,2	11		200	88,2
4		225	22,1	12		225	85,4
5	1:1:5:0,25:0,5	170	63,5	13	1:1:5:0,75:0,25	175	82,4
6		185	72,4	14		195	87,2
7		200	68,2	15		210	85,2
8		225	65,4	16		225	84,1

Muitas experiências foram conduzidas na síntese do pigmento orgânico da marca M-2 sob diferentes condições e proporções. Como resultado da investigação, o rendimento do pigmento obtido foi calculado em função da temperatura e da relação dos componentes. A temperatura ideal de reacção foi de 185-200°C, e o pigmento orgânico obtido na razão

1:1:5:0.5:1 foi o rendimento mais elevado. Um gráfico que representa o efeito da temperatura e da razão molar das substâncias iniciais é mostrado na Figura 2.2 abaixo.

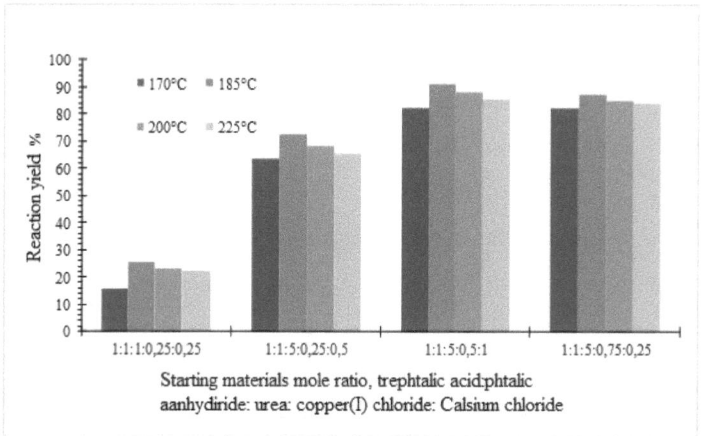

Figura 2.2. O efeito da quantidade de materiais de base e da temperatura no rendimento da reacção do pigmento orgânico M-2

2.3.3. Síntese do pigmento orgânico da marca K-1 e influência de vários factores no processo de síntese.

Foram misturados 16,6 g (0,1 mol) de ácido tereftálico, 14,8 g (0,1 mol) de anidrido ftálico, 30 g (0,5 mol) de ureia, 6,5 g (0,05 mol) de cloreto de cobalto (II) e 0,31 g (0,005 mol) de ácido ortobórico como catalisador. A mistura de substâncias resultante é lentamente aquecida no forno SNOL-8.2/1100, até formar um líquido a 130-135°C. A esta temperatura, o anidrido ftálico e a ureia liquefazem, o ácido tereftálico dissolve-se nesta liquefacção. Após a liquefacção completa, a mistura é aquecida num forno a 195°C durante 1 hora.

Após a reacção, forma-se uma substância castanha porosa no recipiente. A substância resultante foi arrefecida à temperatura ambiente e misturada com 10 ml de ácido sulfúrico concentrado a 92%, resultando numa solução verde escuro profundo. A solução é lavada várias vezes com água destilada em ebulição até se formar um meio neutro. Os produtos primários e intermédios que não entraram na reacção são dissolvidos. O pigmento orgânico K-1 resultante é precipitado e filtrado utilizando uma bomba de vácuo num funil Buechner. O produto final é seco numa estufa de secagem a 60°C até atingir uma massa constante. O pigmento orgânico seco é triturado numa argamassa e peneirado, e o pigmento orgânico acabado é pesado numa balança. Ao calcular o produto final, o rendimento foi de 84,8%.

Foram estudadas as condições ideais, as propriedades físico-químicas do pigmento orgânico K-1 obtido, e foram apresentadas informações sobre a composição do pigmento orgânico obtido com o maior rendimento. O quadro 2.3 abaixo mostra os efeitos da temperatura e a relação dos materiais de partida no rendimento do produto na síntese do pigmento orgânico K-1 altamente eficaz [101].

Quadro 2.3.

Efeito da temperatura e proporção dos materiais de partida no rendimento do produto na síntese de pigmentos orgânicos da marca K-1

№	Ta:Fa:U:CoCl$_2$	T, °C	ω,%	№	Ta:Fa:U:CoCl$_2$	T, °C	ω,%
1	1:1:1:0,25	175	13,4	13	1:1:5:0,25	175	47,2
2		195	25,2	14		195	64,9
3		210	22,2	15		210	63,2
4		225	20,5	16		225	61,1
5	1:0,7:1:0,25	175	26,3	17	1:1:5:0,5	175	74,4
6		195	32,1	18		195	84,8
7		210	27,1	19		210	79,4
8		225	25,2	20		225	78,1
9	1:1:3:0,25	175	40,1	21	1:1:5:0,75	175	70,2
10		195	54,2	22		195	75,2
11		210	50,8	23		210	73,3

1 2		225	50	**24**		225	71,4

Na síntese do pigmento orgânico da marca K-1, muitas experiências foram levadas a cabo sob diferentes condições e proporções. Como resultado da investigação, o rendimento do pigmento obtido foi calculado em função da temperatura e da relação dos componentes. A temperatura ideal de reacção foi de 195°C, e o pigmento orgânico obtido na razão 1:1:5:0.5 foi o rendimento mais elevado. Um gráfico que representa o efeito da temperatura e da razão molar das substâncias iniciais é mostrado na Figura 2.3 abaixo.

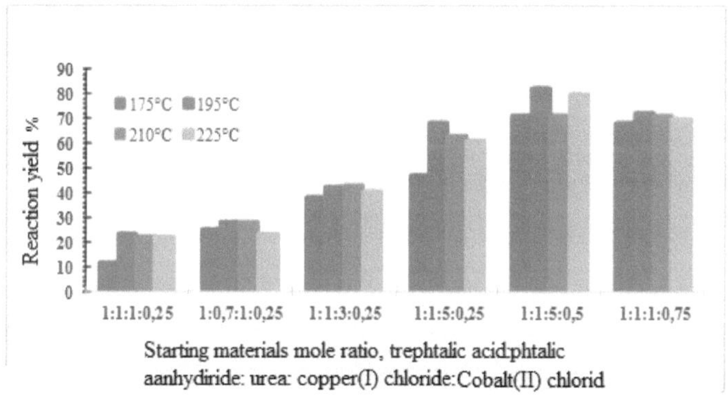

Figura 2.3. O efeito da quantidade de materiais de base e da temperatura no rendimento da reacção do pigmento orgânico K-1

2.3.4. Síntese do pigmento orgânico da marca K-2 e influência de vários factores no processo de síntese.

16,6 g (0,1 mol) de ácido tereftálico, 14,8 g (0,1 mol) de anidrido ftálico, 30 g (0,5 mol) de ureia, 6, 5 g (0,05 mol) de cloreto de cobalto(II), 11,1 g (0,1 mol) de cloreto de cálcio e 0,31 g (0,005 mol) de ácido ortobórico como catalisador foram adicionados e agitados. A mistura de substâncias resultante é lentamente aquecida no forno SNOL-8.2/1100, até formar um líquido a 130-135°C. A esta temperatura, o anidrido ftálico e a ureia liquefazem, o ácido tereftálico dissolve-se nesta liquefacção. Após a liquefacção completa, a mistura é aquecida num forno a 185°C durante 1 hora.

Após a reacção, forma-se uma substância castanha porosa no recipiente. A substância resultante foi arrefecida à temperatura ambiente e misturada com 10 ml de ácido sulfúrico concentrado a 92%, resultando numa solução verde escuro profundo. A solução é lavada várias vezes com água destilada em ebulição até se formar um meio neutro. Os produtos primários e intermédios que não entraram na reacção são dissolvidos. O pigmento orgânico K-2 resultante é precipitado e filtrado utilizando uma bomba de vácuo num funil Buechner. O produto final é seco numa estufa de secagem a 60°C até atingir a massa final. O pigmento orgânico seco é triturado numa argamassa e peneirado, e o pigmento orgânico acabado é pesado numa balança. Ao calcular o produto acabado, o rendimento foi de 91,3%.

Foram estudadas as condições óptimas, as propriedades físico-químicas do pigmento orgânico K-2 obtido, e foram apresentadas informações sobre a composição óptima do pigmento orgânico obtido com o maior rendimento. O quadro 2.4 abaixo mostra os efeitos da temperatura e a relação dos materiais de partida no rendimento do produto na síntese do pigmento orgânico de marca K-2 altamente eficaz.

Quadro 2.4.

Efeito da temperatura e proporção dos materiais de partida no rendimento do produto na síntese de pigmentos orgânicos da marca K-2

№	Ta:Fa:U:CoCl$_2$:CaCl$_2$	T, °C	ω, %	№	Ta:Fa:U:CoCl$_2$:CaCl$_2$	T, °C	ω, %
1	1:1:1:0,25:0,25	170	25,2	9	1:1:5:0,5:1	170	88,7
2		185	29,1	10		185	91,3
3		200	25,1	11		200	89,1
4		225	24,7	12		225	82,1

5	1:1:5:0,25:0,5	170	58,2	13	1:1:5:0,75:0,25	170	74,4
6		185	65,4	14		185	88,1
7		200	63,2	15		200	82,3
8		225	62,2	16		225	80,1

Na síntese do pigmento orgânico da marca K-2, muitas experiências foram levadas a cabo sob diferentes condições e proporções. Como resultado da investigação, o rendimento do pigmento obtido foi calculado em função da temperatura e da relação dos componentes. A temperatura ideal de reacção foi de 185-200°C, e o pigmento orgânico obtido na razão 1:1:5:0.5:1 foi o rendimento mais elevado. Um gráfico que representa o efeito da temperatura e a razão molar das substâncias iniciais é apresentado na Figura 2.4 abaixo [102].

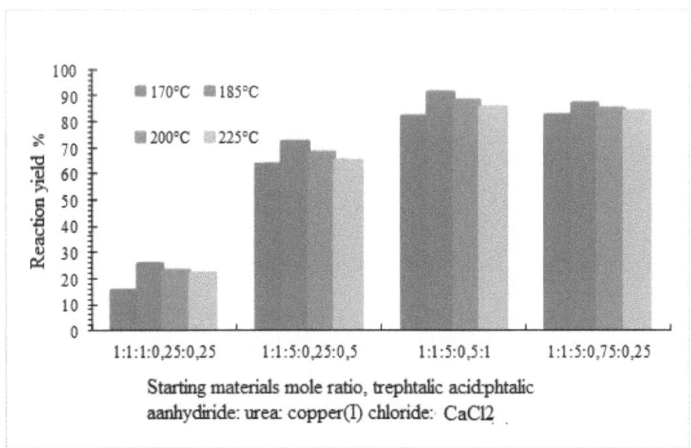

Figura 2.4. Diagrama do efeito da quantidade de materiais de partida e da temperatura no rendimento da reacção do pigmento orgânico K-2

§ 2.4. Investigação da composição de novos pigmentos orgânicos sintetizados por métodos físico-químicos

2.4.1-IR- análise espectroscópica de pigmentos orgânicos recentemente sintetizados

O método de espectroscopia infravermelha foi utilizado para determinar os grupos funcionais e a fórmula estrutural aproximada dos novos pigmentos orgânicos obtidos. Os resultados obtidos foram comparados com os dados apresentados na literatura e analisados (Figuras 2.8.-2.11).

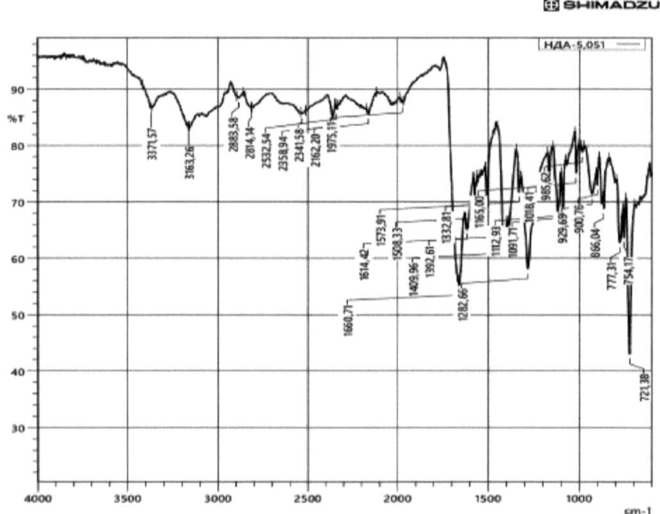

Figura 2.8. Espectro IR do novo pigmento orgânico M-1.

Pode ver-se pelo espectro de IV do composto obtido que as bandas de absorção intensa correspondentes aos grupos carboxil do ácido tereftálico não são visíveis. Na área superior a 3000 cm^{-1} existem bandas de absorção de valência pertencentes a moléculas de água residual. Observou-se que a banda de absorção pertencente ao grupo carbonilo do ácido tereftálico passou de 1689 cm^{-1} para 1661 cm^{-1} pertencente às amidas. Além disso, foram observadas vibrações na região de 1409 cm^{-1} correspondentes às vibrações de valência do anel isoindole e na região de 866 cm^{-1} com vibrações de deformação. Também se observaram vibrações do anel de pirrol na valência 1508 cm^{-1} e na deformação 1018 cm^{-1} domínios.

As vibrações de valência de átomos de hidrogénio com diferentes posições em anéis de benzeno estão na gama de 2800-3000 cm^{-1} e as vibrações de deformação estão na gama de 1600-1900 cm^{-1} . Também, devido à presença de ftalocianina na composição do composto, a vibração do anel de ftalocianina é observada na região de 754 cm^{-1} [95].

Figura 2.9. Espectro IR do novo pigmento orgânico K-1

Pode ver-se pelo espectro de IV do composto obtido que as bandas de absorção intensa correspondentes aos grupos carboxil do ácido tereftálico não são visíveis. Na área superior a 3000 cm^{-1} existem bandas de absorção de valência pertencentes a moléculas de água residual. Observou-se que a banda de absorção pertencente ao grupo carbonilo do ácido tereftálico passou de 1689 cm^{-1} para 1668 cm^{-1} pertencente às amidas. Além disso, foram observadas vibrações na região de 1419 cm^{-1} relacionadas com as vibrações de valência do anel isoindole e na região de 871 cm^{-1} com vibrações de deformação. Há também vibrações do anel de pirrole na região da valência 1506 cm^{-1} e tensão 1051 cm^{-1} [91].

Os átomos de hidrogénio com diferentes posições em anéis de benzeno têm vibrações de valência na região de 2800-3000 cm⁻¹ e vibrações de deformação de baixa intensidade na região de 1600-1900 cm⁻¹. Também, devido à presença parcial de ftalocianina na composição do composto, a vibração do anel de ftalocianina é observada a 754 cm⁻¹.

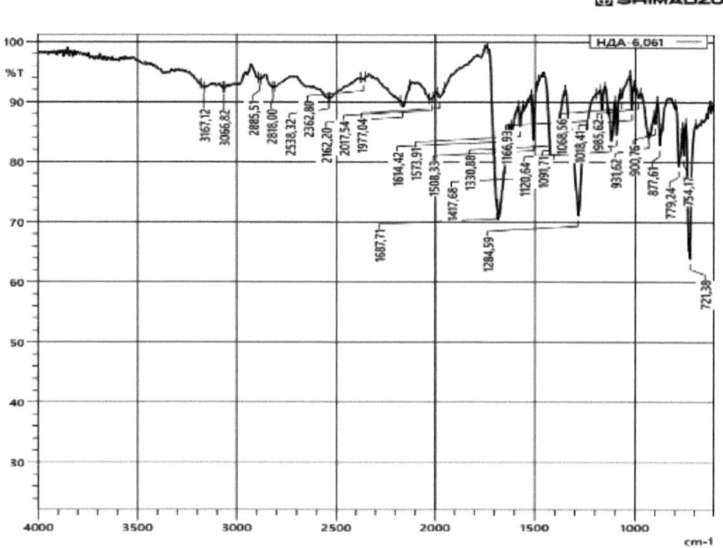

Figura 2.10. Espectro de infravermelhos do pigmento orgânico M-2

Pode ver-se pelo espectro de IV do composto obtido que as bandas de absorção intensa correspondentes aos grupos carboxil do ácido tereftálico não são visíveis. Na área superior a 3000 cm⁻¹ existem bandas de absorção de valência pertencentes a moléculas de água residual. Observou-se que a banda de absorção pertencente ao grupo carbonilo do ácido tereftálico passou de 1689 cm⁻¹ para 1666 cm⁻¹ pertencente às amidas. Além disso, foram observadas vibrações na região de 1417 cm⁻¹ relacionadas com as vibrações de valência do anel isoindole e na região de 877 cm-1 com vibrações de deformação. Também se observaram vibrações do anel de pirrol na valência 1508 cm⁻¹ e na deformação 1018 cm⁻¹ domínios.

48

Os átomos de hidrogénio com diferentes posições em anéis de benzeno têm vibrações de valência na região de 2800-3000 cm^{-1} e vibrações de deformação de baixa intensidade na região de 1600-1900 cm^{-1} . Também, devido à presença parcial de ftalocianina na composição do composto, a vibração do anel de ftalocianina é observada a 754 cm^{-1} [103].

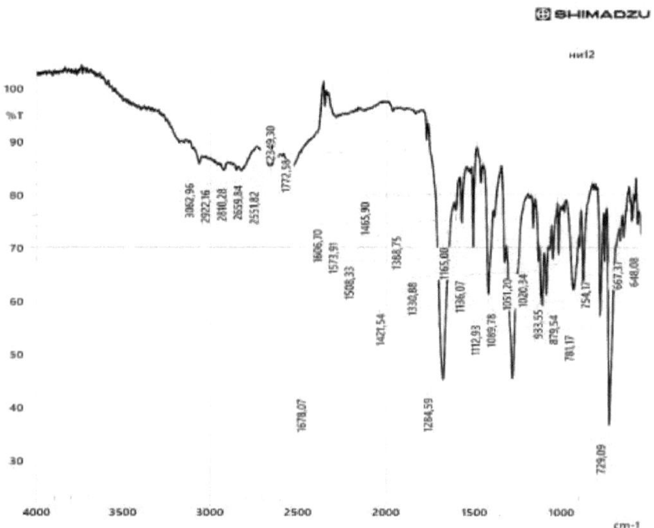

Figura 2.11. Espectro IR do pigmento orgânico K-2

Pode ver-se pelo espectro de IV do composto obtido que as bandas de absorção intensa correspondentes aos grupos carboxil do ácido tereftálico não são visíveis. Na área superior a 3000 cm-1 existem bandas de absorção de valência pertencentes a moléculas de água residual. Observou-se que a banda de absorção pertencente ao grupo carbonilo do ácido tereftálico passou de 1689 cm-1 para 1678 cm-1 pertencente às amidas. Além disso, foram observadas vibrações na região de 1421 cm-1 relacionadas com as vibrações de valência do anel isoindole e na região de 879 cm-1 com vibrações de deformação. Há também vibrações do anel de pirrole na valência 1508 cm-1 e tensão 1020 cm-1 nos domínios da valência.

Os átomos de hidrogénio com diferentes posições em anéis de benzeno têm vibrações de valência na região de 2800-3000 cm-1 e vibrações de deformação de baixa intensidade na região de 1600-1900 cm-1. Também, devido à presença parcial de ftalocianina na composição do composto, a vibração do anel de ftalocianina é observada a 754 cm-1.

De acordo com a análise espectroscópica por IR realizada, as equações de reacção de acordo com a estrutura e processo dos novos pigmentos orgânicos foram propostas como se segue.

Os pigmentos orgânicos M-1 e K-1 foram sintetizados com base na seguinte equação de reacção:

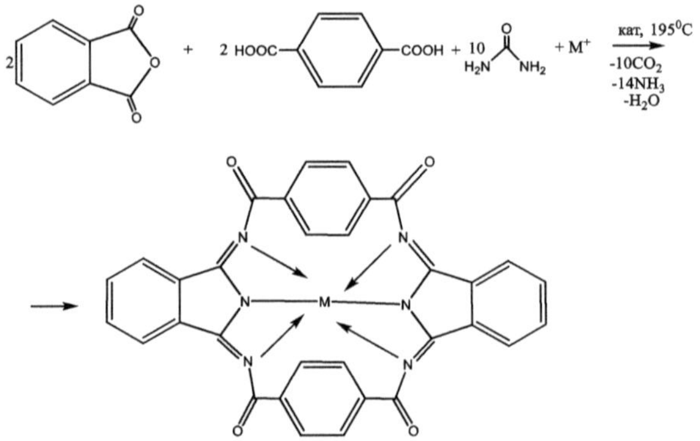

Os pigmentos orgânicos M-2 e K-2 foram sintetizados com base na seguinte equação de reacção:

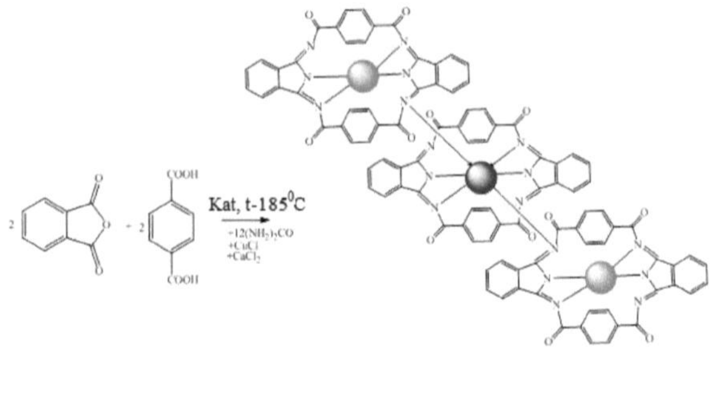

O facto de os pigmentos orgânicos sintetizados terem sido obtidos com base nas equações de reacção acima mencionadas e nas fórmulas propostas foi confirmado pelos estudos conduzidos.

2.4.2-UV-análise espectrofotométrica de pigmentos orgânicos recentemente sintetizados

Os espectros UV das amostras foram recolhidos em soluções saturadas de solvente orgânico - dimetilformamida, e foi determinado o comprimento de onda que corresponde à intensidade da cor das amostras.

A figura 2.12 mostra os resultados da medição do pigmento orgânico da marca M-1 sob o espectro de luz visível de 190-1100 nm num espectrofotómetro de UV. Verificou-se que o pigmento orgânico M-1 tem uma elevada absorvância na faixa de comprimento de onda visível de 560 nm a 610 nm.

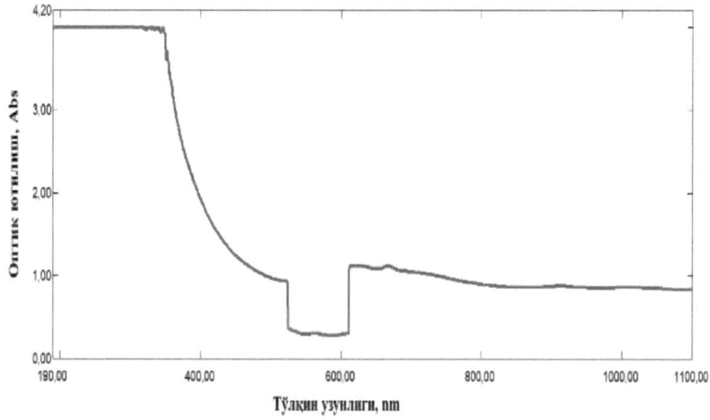

Figura 2.12. Razão de absorção de luz para o comprimento de onda do pigmento orgânico da marca M-1

A monoftalocianina de cobre é frequentemente utilizada em aplicações práticas porque é bem estudada e tem uma semicondutividade porosa, ou seja, do tipo p. Uma vez que os complexos de ftalocianina são, na maioria dos casos, semicondutores típicos do tipo p, a sua sensibilidade aos gases é elevada. A carga positiva restante é deslocalizada através das duas ftalocianinas, resultando numa forte diminuição da resistência, o que por sua vez reduz o tempo necessário para carregar o semicondutor orgânico [104].

A figura 2.13 mostra os resultados da medição do pigmento orgânico de marca M-2 sob o espectro de luz visível de 190-1100 nm num espectrofotómetro de UV. Verificou-se que o pigmento orgânico M-2 tem uma elevada absorvância na faixa de comprimento de onda visível de 430 nm a 600 nm. A maior absorção foi comprovada a um comprimento de onda de 550 nm. Como resultado, verificou-se que o pigmento orgânico M-2 também pode ser utilizado como corante sensível para células solares obtidas com base em corantes sensíveis à luz solar, tendo em conta a capacidade de absorver fotões da luz. Na literatura, os pigmentos naturais foram utilizados como corantes para células solares com base em corantes sensíveis [104].

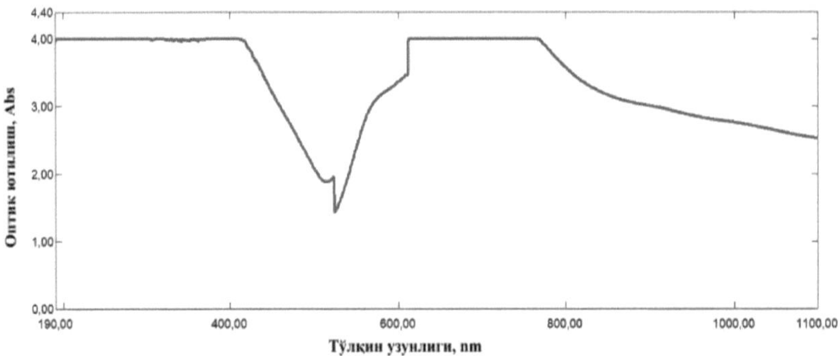

Figura 2.13. Relação entre a absorção de luz e o comprimento de onda do pigmento orgânico da marca M-2

A figura 2.14 mostra os resultados da medição do pigmento orgânico K-1 no espectrofotómetro UV sob o espectro de luz visível de 190-1100 nm. Verificou-se que o pigmento orgânico K-1 tem uma elevada absorvância na faixa de comprimento de onda visível de 430 nm a 600 nm. A maior absorção foi comprovada num comprimento de onda de 550 nm. Como resultado, verificou-se que o pigmento orgânico K-1 também pode ser utilizado como corante sensível para elementos solares obtidos com base em corantes sensíveis à luz solar, tendo em conta a capacidade de absorver fotões da luz. Na literatura, os pigmentos naturais foram utilizados como corantes para células solares com base em corantes sensíveis [104].

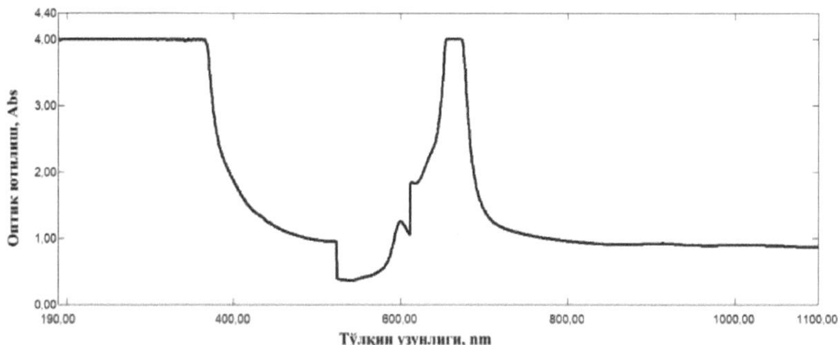

Figura 2.14. Relação entre a absorção de luz e o comprimento de onda do pigmento orgânico da marca K-1

Os picos de absorção óptica do pigmento orgânico da marca K-1 obtido mostraram picos característicos com elevado nível de absorção na gama de 530-550 nm e baixo nível de absorção na gama de 650-700 nm. As notáveis propriedades químicas e fotofísicas dos pigmentos à base de ácido tereftálico são devidas ao seu sistema multi-electrónico. Uma faixa de fortes picos de absorção óptica resulta da transição de p-p electrões entre o estado de terra (HOMO) e os níveis de energia em estado excitado (LUMO).

A figura 2.15 mostra os resultados da medição do pigmento orgânico da marca K-2 no espectrofotómetro UV sob o espectro de luz visível de 190-1100 nm. Verificou-se que o pigmento orgânico da marca K-2 tem uma elevada absorvância na faixa de comprimento de onda visível de 400 nm a 600 nm. A maior absorção foi comprovada num comprimento de onda de 550 nm. Como resultado, verificou-se que o pigmento orgânico K-2 também pode ser utilizado como corante sensível para elementos solares obtidos com base em corantes sensíveis à luz solar, tendo em conta a capacidade de absorver fotões da luz. Na literatura, os pigmentos naturais foram utilizados como corantes para células solares com base em corantes sensíveis [104].

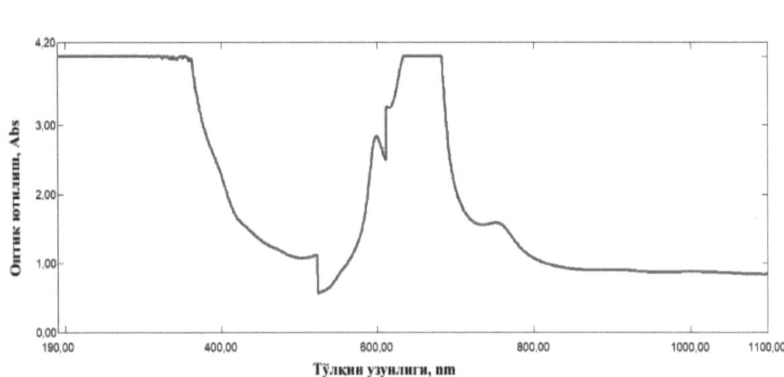

Figura 2.15. Relação entre a absorção de luz e o comprimento de onda do pigmento orgânico da marca K-2

De acordo com os resultados obtidos, a intensidade de cor dos pigmentos orgânicos da marca M-2 terá os valores mais elevados.

2.4.3- Análise térmica termogravimétrica e diferencial de pigmentos orgânicos recentemente sintetizados

Análise térmica do pigmento orgânico da marca M-1. O pigmento orgânico sintetizado foi obtido na presença de ácido tereftálico, anidrido ftálico, ureia, sal de cobre e catalisador. A análise termogravimétrica foi realizada para estudar as propriedades térmicas do composto. Foram realizadas análises simultâneas de TGA e DTA na gama de temperaturas de 20-600°C no analisador térmico SHIMADZU DTG-60 (Fig. 2.16).

A análise térmica dos pigmentos orgânicos da marca M-1 com uma nova composição foi realizada na gama de temperaturas de 20-600°C. Todas as amostras da análise térmica dos pigmentos mencionados foram realizadas em modo dinâmico a uma velocidade de 10 graus/minuto numa argamassa de alumínio. Além disso, foram provados pontos endotérmicos e exotérmicos de pigmentos orgânicos.

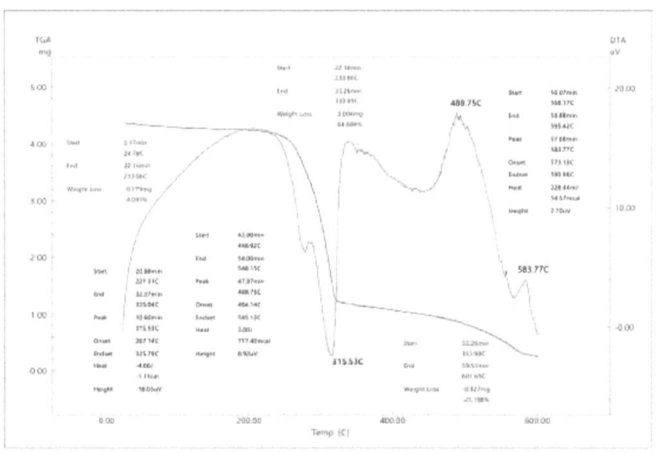

Figura 2.16. Derivatograma do pigmento orgânico da marca M-1

A temperatura máxima de 600°C foi seleccionada para o pigmento orgânico M-1 com novo conteúdo sintetizado na massa seca mostrada na Figura 2.16, e os resultados da análise do pigmento foram estudados de acordo com o determinado derivatograma termogravimétrico (TG) e a análise termogravimétrica diferencial. Foram observados dois efeitos exotérmicos a 488,75 e 583,77°C e um efeito endotérmico a 315,53°C. 4,373 mg de pigmento foram tomados num cadinho de boca aberta feito de pigmento orgânico M-1 600°C de alumínio resistente à temperatura, e a temperatura foi gradualmente aumentada a partir de 20°C.

A análise da curva termogravimétrica do pigmento orgânico mostra que a curva TG tem lugar principalmente na gama de 3 temperaturas intensivas de perda de massa. A gama de perda de massa 1 corresponde a temperaturas de 24,78 - 233,86°C, a gama de perda de massa 2 corresponde a temperaturas de 233,86 - 333,99°C, e a gama de perda de massa 3 corresponde a temperaturas de 333,99 - 600°C. A análise mostra que a perda de massa 1 é a deterioração mais intensa, com perda de massa 0,179 mg, ou seja, 4,093% observada na gama de perda de massa 1. A principal quantidade de perda de massa neste decaimento é 3,004 mg, ou seja, 68,694%. No 3°

intervalo de perda de massa, a perda de massa é de 0,927 mg, ou seja, 21,198% [105].

Pode-se ver que a primeira perda de massa é a perda de água não vinculada. Na segunda fase principal de decomposição, no caso de compostos moleculares inferiores como o dióxido de carbono, amoníaco, após a decomposição da parte orgânica, principalmente carbonatos metálicos, permanece uma mistura de óxidos e parcialmente carvão. Na terceira fase de decomposição, os carbonatos são também decompostos, deixando óxidos metálicos e resíduos de carvão.

A análise termogravimétrica diferencial de um pigmento orgânico é apresentada na Figura 2.18. A análise termogravimétrica diferencial de um pigmento orgânico mostra que a absorção de energia ocorreu na gama de 221,31 - 335,04°C. A libertação de energia ocorre entre 448,92 - 548,15°C e 568,17 - 595,42°C.

A análise dos resultados da decomposição térmica da substância a diferentes temperaturas é apresentada no Quadro 2.5.

Análise térmica do pigmento orgânico da marca M-2.

Foram tomados 3,8 mg para a análise termogravimétrica do pigmento orgânico M-2 e o processo foi estudado a temperaturas até 600°C. A análise termogravimétrica (TG) e a análise térmica diferencial (DTA) de um pigmento orgânico são mostradas na Figura 2.18 abaixo.

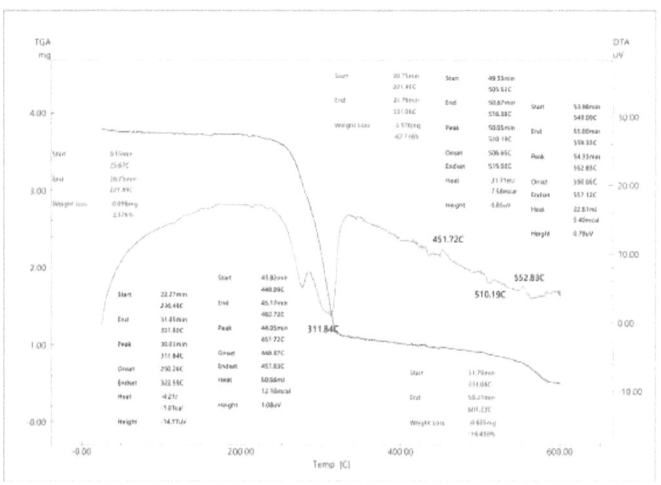

Figura 2.18. Diagrama derivado da análise termogravimétrica (TG) e análise térmica diferencial (DTA) do pigmento orgânico M-2.

A análise da curva termogravimétrica do pigmento orgânico M-2 mostra que a curva TGA ocorre principalmente na gama de temperaturas de 3 perdas de massa intensivas. A gama de perdas de massa 1 corresponde a temperaturas de 25,67 - 221,49°C, a gama de perdas de massa 2 corresponde a temperaturas de 221,49 - 331,06°C, e a gama de perdas de massa 3 corresponde a temperaturas de 331,06 - 600°C. A análise mostra que a perda de massa 1 é a deterioração mais intensiva, com perda de massa 0,098 mg, ou seja 2,576% observada na gama de perda de massa 1. A principal quantidade de perda de massa neste decaimento é 2,576 mg, ou seja, 67,718%. No intervalo de perda de massa 3, a perda de massa é de 0,625 mg, ou seja, 16,43%.

Pode-se ver que a primeira perda de massa envolve a perda do excesso de humidade e de água adsorvida. Na segunda fase principal de decomposição, no caso de compostos moleculares inferiores como o dióxido de carbono, amoníaco, após a decomposição da parte orgânica, principalmente carbonatos metálicos, permanece uma mistura de óxidos e parcialmente carvão. Na terceira fase de decomposição, os carbonatos são também decompostos e os óxidos metálicos e os resíduos de carvão permanecem [106].

A análise térmica diferencial do pigmento orgânico M-2 é apresentada na Fig. 2.19. Da análise térmica diferencial do pigmento orgânico da marca M-2, foi revelado que foram observados dois efeitos exotérmicos a temperaturas de 451,72°C, 552,83°C e dois efeitos endotérmicos a temperaturas de 311,84°C, 510,19°C.

A análise dos resultados da decomposição térmica da substância a diferentes temperaturas é dada em detalhe.

O pigmento orgânico sintetizado foi obtido na presença de ácido tereftálico, anidrido ftálico, ureia, sal de cobalto e catalisador. Foi realizada uma análise termogravimétrica para estudar as propriedades térmicas do composto. Foram realizadas análises TG e DTA simultâneas na gama de temperaturas de 20-600°C no analisador térmico SHIMADZU DTG-60 (Fig. 2.19).

A análise térmica do pigmento orgânico da marca K-1 com nova composição foi realizada na gama de temperaturas de 20-600°C. Todas as amostras da análise térmica dos pigmentos mencionados foram realizadas em modo dinâmico a uma velocidade de 10 graus/minuto numa argamassa de alumínio. Além disso, foram provados pontos endotérmicos e exotérmicos de pigmento orgânico.

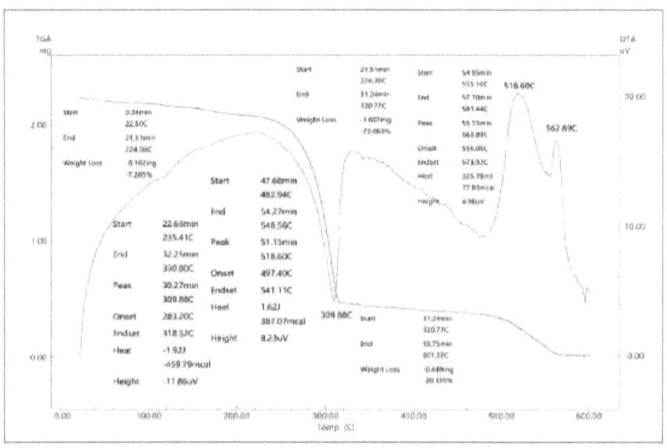

Figura 2.20. Derivatograma do pigmento orgânico da marca K-1

A temperatura máxima de 600°C foi seleccionada para o pigmento orgânico da marca K-1 com um novo conteúdo sintetizado na massa seca mostrada na Figura 2.20, e os resultados da análise do pigmento foram estudados de acordo com o derivatograma termogravimétrico dado e a análise termogravimétrica diferencial. Foram observados dois efeitos exotérmicos a temperaturas de 518°C, 563°C e três efeitos endotérmicos a temperaturas de 116°C, 310, 478°C. 2,23 mg de pigmento foram tomados num cadinho de boca aberta feito de pigmento K-1 resistente à temperatura de 600°C, a partir de 20°C, a temperatura foi gradualmente aumentada (Figura 2.22).

A análise da curva termogravimétrica do pigmento orgânico mostra que a curva TGA tem lugar principalmente na gama de 3 temperaturas intensivas de perda de massa. A gama de perda de massa 1 corresponde à temperatura 22,5 - 224,3°C, a gama de perda de massa 2 corresponde à temperatura 224,3 - 320,77°C, e a gama de perda de massa 3 corresponde à temperatura 320,77 - 600°C. A análise mostra que a perda de massa 1 é a deterioração mais intensiva, com perda de massa 0,162 mg, ou seja, 7,265% observada na gama de perda de massa 1. A principal quantidade de perda de massa neste decaimento é 1,607 mg, ou seja, 72,063%. No intervalo de perda de massa 3, a perda de massa é de 0,449 mg, ou seja, 20,135%.

Pode-se ver que a primeira perda de massa é a perda de água não vinculada. Na segunda fase principal de decomposição, no caso de compostos moleculares inferiores como o dióxido de carbono, amoníaco, após a decomposição da parte orgânica, principalmente carbonatos metálicos, permanece uma mistura de óxidos e parcialmente carvão. Na terceira fase de decomposição, os carbonatos são também decompostos, deixando óxidos metálicos e resíduos de carvão.

A análise termogravimétrica diferencial do pigmento orgânico é apresentada na Figura 2. A análise termogravimétrica diferencial do pigmento orgânico mostra que a absorção de energia ocorreu na gama de 235,4 - 330,8°C. A maior absorção de calor ocorre a uma temperatura de 309,88°C. A libertação de energia ocorre entre 482,94 - 548,56°C e 555,16 - 581,44°C. A maior saída de calor ocorre a uma temperatura de 518,6°C.

O pigmento orgânico sintetizado foi obtido na presença de ácido tereftálico, anidrido ftálico, ureia, sal de cobalto, sal de cálcio e catalisador. Foi realizada uma análise termogravimétrica para estudar as propriedades térmicas do composto. Foram realizadas análises TG e DTA simultâneas na gama de temperaturas de 20-600°C no analisador térmico SHIMADZU DTG-60 (Fig. 2.23).

A análise térmica do pigmento orgânico da marca K-2 com nova composição foi realizada no intervalo de temperatura de 20-600°C. Todas as amostras da análise térmica dos pigmentos mencionados foram realizadas em modo dinâmico a uma velocidade de 10 graus/minuto numa argamassa de alumínio. Além disso, foram provados pontos endotérmicos e exotérmicos do pigmento orgânico.

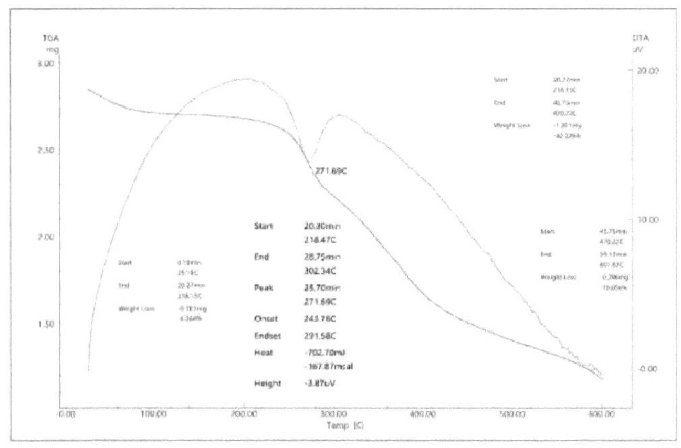

Figura 2.23. Derivatograma do pigmento orgânico da marca K-2

A temperatura máxima de 600°C foi seleccionada para o pigmento orgânico da marca K-2, que foi sintetizada na massa seca apresentada na Fig. 2.23, e os resultados da análise do pigmento foram estudados de acordo com o derivatograma termogravimétrico e a análise termogravimétrica diferencial apresentados. Foi observado um efeito endotérmico a uma temperatura de 271,69°C. O pigmento orgânico da marca K-2 foi tomado num cadinho de boca aberta feito de alumínio resistente à temperatura de 600°C, foram tomados 2,844 mg de pigmento, a partir de 20°C, a temperatura foi gradualmente aumentada. Figura 2.23.

A análise da curva termogravimétrica do pigmento orgânico mostra que a curva TGA tem lugar principalmente na gama de 3 temperaturas intensivas de perda de massa. O 1º intervalo de perda de massa corresponde à temperatura de 26,19 - 218,15°C, o 2º intervalo de perda de massa corresponde à temperatura de 218,15 - 470,22°C, e o 3º intervalo de perda de massa corresponde à temperatura de 470,22 - 600°C.

Quadro 2.5.

Análise dos resultados da curva TGA e DTA de novos pigmentos orgânicos expostos a alta temperatura

№	T,°C	Massa perdida, mg (4,373 mg)	Massa perdida,%	Quantidade de energia consumida (µV*s/mg)	Tempo gasto (min)	Massa residual, dw (mg)	dw/dt (mg/min)
4,373 mg de pigmento orgânico da marca M-1 foi obtido em massa total							
1	100	0.089	2.035	12.5	8.52	4.284	0,01
2	200	0.136	3.1	16.524	18.72	4.237	0,007
3	300	1.7	38.9	2.438	29	2.67	0,06
4	400	3.3	75.5	12.434	38.95	1.07	0,08
5	500	3.55	81.23	16.61	49.05	0.821	0,07
6	600	4.11	94.03	0.604	59.37	0.26	0,07
3,8 mg de pigmento orgânico de marca M-2 foram obtidos em massa total							
1	100	0.064	1.69	13.777	8.45	3.74	0.0076
2	200	0.086	2.27	17.189	18.58	3.72	0.0046
3	300	1.636	43.03	2.433	28.8	2.167	0.057
4	400	2.79	73.4	11.8	38.8	1.01	0.072
5	500	2.9	76.2	7.27	49.1	0.906	0.06
6	600	3.32	87.2	4.627	59.2	0.488	0.056
Foi obtido um total de 2,23 mg de pigmento orgânico da marca K-1							
1	100	0,06	2,69	13.18	8.88	2.17	0,006
2	200	0,15	6,72	16.92	19.5	2.08	0.007
3	300	1,08	48,4	7.94	29.25	1.15	0,036
4	400	1,82	81,6	13.04	39.3	0.41	0,046
5	500	1,91	85,6	13.19	49.4	0.32	0,038
6	600	2,22	99,5	5.01	59.6	0.012	0,037
2,844 mg de pigmento orgânico da marca K-2 foi obtido em massa total							
1	100	0,134	4,7	15.02	8,32	2.71	0,02
2	200	0,168	5,9	19.37	18,45	2.676	0,009
3	300	0,615	21,6	16.8	28,5	2.229	0,02
4	400	1,172	41,2	12.7	38,6	1.672	0,03
5	500	1,443	50,7	5.49	48,8	1.401	0,03
6	600	1,665	58,5	0.44	58,9	1.179	0,028

A análise mostra que no intervalo de perda de massa 1, a perda de massa de 0,181 mg, ou seja 6,364%, é observada, enquanto que a perda de massa 2 é a decadência mais intensa. A principal quantidade de perda de massa neste decaimento é de 1,201 mg, ou seja, 42,229%. A perda de massa no intervalo de perda de massa 3 é de 0,286 mg, ou seja, 10,056%.

Pode-se ver que a primeira perda de massa é a perda de água não vinculada. Na segunda fase principal de decomposição, no caso de compostos moleculares inferiores como o dióxido de carbono, amoníaco, após a decomposição da parte orgânica, principalmente carbonatos metálicos, permanece uma mistura de óxidos e parcialmente carvão. Na terceira fase de decomposição, os carbonatos são também decompostos, deixando óxidos metálicos e resíduos de carvão.

A análise termogravimétrica diferencial de um pigmento orgânico é dada na Figura 2.24. A análise termogravimétrica diferencial do pigmento orgânico mostra que a absorção de energia ocorreu na gama de 218,47 - 302,34°C. A maior absorção de calor ocorre a uma temperatura de 271,69°C.

A análise dos resultados da decomposição térmica da substância a diferentes temperaturas é apresentada no Quadro 2.5.

2.4.4-Microscore electrónico de varrimento (SEM) e análise elementar dos novos pigmentos orgânicos sintetizados

Microscopia Electrónica de Varrimento (SEM) e Análise Elementar de Pigmento Orgânico M-1. O pigmento orgânico da marca M-1 recentemente sintetizado foi estudado com um microscópio electrónico de varrimento MIRA 2 LMU equipado com um sistema de microanálise dispersiva de energia INCA Energy 350. A resolução do microscópio é de 1 nm, e a sensibilidade do detector INCA Energy é de 133 eV/10 mm2, permitindo a análise de elementos desde o berílio até ao plutónio. As análises do microscópio electrónico de varrimento foram realizadas sob alto vácuo. A microanálise de elementos químicos de pigmentos orgânicos foi realizada no mesmo dispositivo, estudado em campos com uma tensão de aceleração de 20 keV e uma corrente de 1 nA.

a)   b)

Figura 2.25. Microscopia electrónica de varrimento (a) e análise elementar (b) de dados do pigmento orgânico M-1

Quando são estudadas 200 vezes imagens ampliadas SEM de amostra de pigmento orgânico da marca M-1 com nova composição, os restos de substâncias iniciadoras não reagidas não são visíveis. Isto torna possível obter informações sobre a conclusão da reacção e, paralelamente, sobre a composição das substâncias formadas na reacção. Estudos demonstraram que as partículas de pigmento orgânico variam em tamanho de 30,55 a ~35,00 nm. Ao mesmo tempo, foi realizada uma análise elementar numa superfície separada em grandes aglomerados. Os grandes aglomerados indicam a presença de resíduos de enxofre e cloro dentro do nível de erro experimental, excepto para o pigmento orgânico da marca M-1 nos pontos estudados quando o elemento é analisado (Fig. 2.25) [107].

Scanning Electron Microscopic (SEM) e Elemental Analysis of M-2 Brand Organic Pigment.

O pigmento orgânico de marca M-2 recentemente sintetizado foi estudado com um microscópio electrónico de varrimento MIRA 2 LMU equipado com um sistema de microanálise dispersiva de energia INCA Energy 350. A resolução do microscópio é de 1 nm, e a sensibilidade do detector INCA Energy é de 133 eV/10 mm2, permitindo a análise de elementos desde o berílio até ao plutónio. As análises do microscópio electrónico de varrimento foram realizadas sob alto vácuo. A microanálise

64

dos elementos químicos do pigmento composto foi realizada neste dispositivo e foi estudada em campos com uma tensão de aceleração de 20 keV e uma corrente de 1 nA.

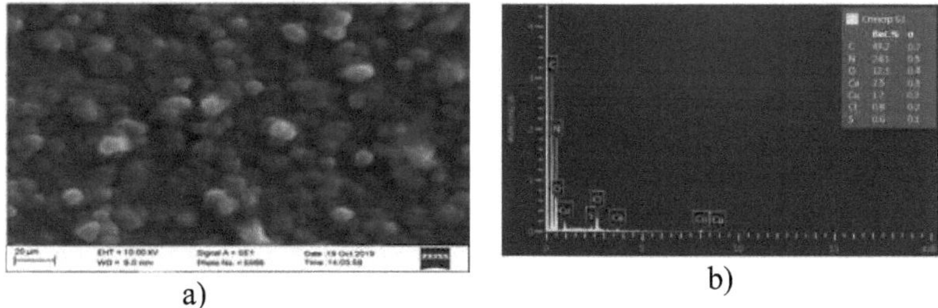

a)   b)

Figura 2.26. Microscópio electrónico de varrimento (a) e análise elementar (b) de dados do pigmento orgânico M-2

Quando são estudadas 200 vezes imagens de SEM ampliadas de amostras de pigmentos orgânicos da marca M-2 com nova composição, os restos de substâncias iniciais não reagidas não são visíveis. Isto torna possível obter informações sobre a conclusão da reacção e, paralelamente, sobre a composição das substâncias formadas na reacção. Estudos demonstraram que as partículas de pigmento orgânico variam em tamanho de 28,40 a ~36,85 nm. Ao mesmo tempo, foi realizada uma análise elementar numa superfície separada em grandes aglomerados. Os grandes aglomerados indicam a presença de resíduos de cloro e enxofre dentro do nível de erro experimental, excepto para o pigmento orgânico da marca M-2 nos pontos estudados quando o elemento foi analisado (Fig. 2.26).

Scanning Electron Microscopic (SEM) e Elemental Analysis of K-1 Brand Organic Pigment. A imagem do microscópio electrónico de varrimento (SEM) e a análise elementar do pigmento orgânico K-1 sintetizado são apresentadas abaixo [90].

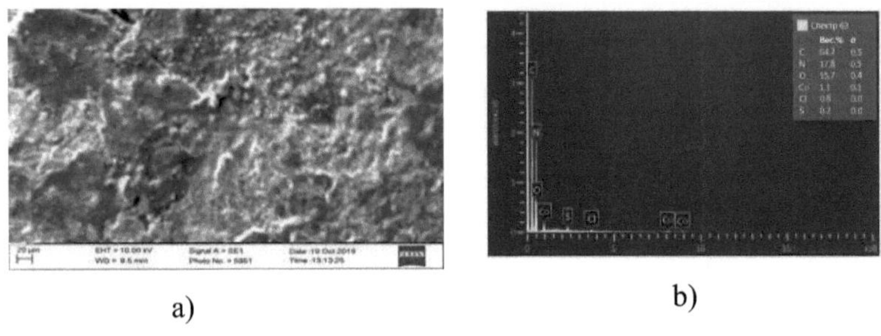

a)   b)

Figura 2.27. Microscópio electrónico de varrimento (a) e análise elementar (b) dados de pigmento orgânico K-1 sintetizado

Ao examinar as imagens SEM de 200 aumentos da amostra de pigmento orgânico da marca K-1 com a nova composição, não são visíveis vestígios de materiais de partida não reagidos. Isto torna possível obter informações sobre a conclusão da reacção e, paralelamente, sobre a composição das substâncias formadas na reacção. A partir das imagens obtidas, pode-se ver que as moléculas de pigmento orgânico estão uniformemente distribuídas. Ao mesmo tempo, foi realizada uma análise elementar numa superfície separada em grandes aglomerados. Os grandes aglomerados indicam a presença de resíduos de enxofre e cloro dentro do nível de erro experimental, excepto para o pigmento orgânico da marca K-1 nos pontos estudados quando o elemento é analisado [108] (Fig. 2.27).

Scanning Electron Microscopic (SEM) e Elemental Analysis of K-2 Brand Organic Pigment. A imagem do microscópio electrónico de varrimento (SEM) e a análise elementar do pigmento orgânico K-2 sintetizado são apresentadas abaixo [109]. Ao examinar as imagens SEM de 200 aumentos da amostra do pigmento orgânico da marca K-2 com a nova composição, não são visíveis vestígios de materiais de partida não reagidos. Isto torna possível obter informações sobre a conclusão da reacção e, paralelamente, sobre a composição das substâncias formadas na reacção. A partir das imagens obtidas, pode-se ver que as moléculas de pigmento

66

orgânico estão uniformemente distribuídas. Ao mesmo tempo, foi realizada uma análise elementar numa superfície separada em grandes aglomerados. Os grandes aglomerados indicam a presença de resíduos de cloro no erro experimental, excepto no caso do pigmento orgânico da marca K-2 nos pontos estudados quando o elemento é analisado (Fig. 2.28).

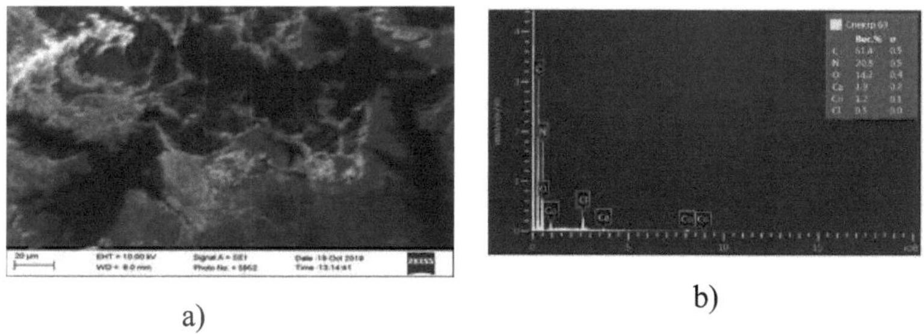

a)   b)

Figura 2.28. Microscópio electrónico de varrimento (a) e análise elementar (b) dados de pigmento orgânico K-2 sintetizado

Conclusão sobre o Capítulo II

Neste capítulo são apresentados métodos e ferramentas de investigação, síntese de pigmentos M-1, M-2, K-1 e K-2 e os efeitos de vários factores sobre as condições de síntese e a sua análise. A temperatura óptima para a síntese de pigmentos M-1 e K-1 foi de 195°C, e para a síntese de pigmentos M-2 e K-2 foi de 185°C. A proporção de materiais de partida no pigmento da marca M-1 é de 1:1:5:0.5 de acordo com TA:FA:U:CuCl; TA:FA:U: $CuCl:CaCl_2$ no pigmento de marca M-2 1:1:5:0.5:1 respectivamente; 1:1:5:0.5 no pigmento de marca K-1 TA:FA:U:$CoCl_2$; no pigmento K-2, verificou-se que o rendimento da reacção foi o mais elevado quando TA:FA:U:$CoCl_2$:$CaCl_2$ foi 1:1:5:0.5:1.

A análise espectroscópica por IR de pigmentos orgânicos recentemente sintetizados mostrou que as vibrações relevantes mudaram em comparação com as das substâncias originais. Além disso, o resultado das medições sob o espectro de luz visível de 190-1100 nm utilizando um espectrofotómetro UV é dado para cada pigmento. São dadas análises termogravimétricas e térmicas diferenciais de novos pigmentos orgânicos, e na análise dos quatro pigmentos, a perda de água não ligada ocorre geralmente na primeira perda de massa. Na segunda fase principal de decomposição, no caso de compostos moleculares inferiores como o dióxido de carbono, amoníaco, a parte orgânica é decomposta, e depois disso, uma mistura de carbonatos metálicos, óxidos, e restos parciais de carvão. Na terceira fase de decomposição, os carbonatos são também decompostos, deixando óxidos metálicos e resíduos de carbono. Com base nos dados obtidos a partir da análise, as fórmulas propostas são provadas.

CAPÍTULO III. RESULTADOS DA INVESTIGAÇÃO SOBRE A APLICAÇÃO DE PIGMENTOS ORGÂNICOS SINTETIZADOS

3.1-§. Preparação de esmalte alquídico utilizando pigmento orgânico sintetizado

O esmalte alquídico industrial foi preparado de acordo com a composição das matérias primas do Quadro 3.1.

Quadro 3.1.

Nova composição de esmalte alquídico de cor azul classe PF-115 com base no novo pigmento orgânico M-2

№	Nome das matérias primas	Composição, massa.%
1	PF-060 marca lok (52%)	69,8
2	Pigmento de marca R-706 - dióxido de titânio	0,5
3	BG-4 marca bentogel	0,4
4	Mel (microcalcite)	21,5
5	MIX marca siccative	0,2
6	Nova marca de pigmento orgânico M-2	5,2
7	Metiletilketoxime	0,3
8	C-4 135/220 nephros de marca	2,1

Depois de adicionar Lok, dióxido de titânio, pigmento orgânico da marca M-2 e bentogel, foi disperso num moinho de contas à temperatura ambiente durante 2 horas (dsh = 3-3,5 mm, 1500-2000 min-1) até se tornar homogéneo, e foi preparada uma pasta de pigmento, depois o Esmalte é obtido através da adição de adoçante e metiletilketoxime [110].

O novo pigmento orgânico M-2 foi preparado utilizando um pequeno dispositivo de preparação de tinta - um moinho de pérolas de laboratório. O requisito para os produtos de pintura é que o pigmento de coloração deve ser bem misturado num sistema homogéneo. Em resultado disto, os aglomerados de partículas de pigmento são triturados e espalhados de forma acentuada, ou é obtida uma suspensão fina. Na preparação da tinta, o pigmento e as matérias-primas da tinta foram misturados num recipiente especial de ferro a alta velocidade com a ajuda de uma faca de dispersão, e os sólidos foram transferidos para o mesmo meio de suspensão. O pigmento orgânico M-2 foi revestido sobre uma placa metálica com mistura completa neste dispositivo durante 2 horas [111] (Fig. 3.1).

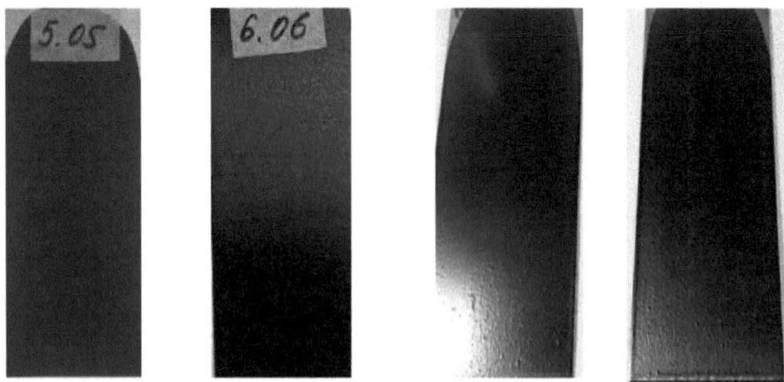

Figura 3.1. Esmalte alquídico revestido sobre uma placa metálica (à base de novos pigmentos).

§ 3.2. Análise térmica de produtos lacados à base de novos pigmentos orgânicos

3.2.1. Análise térmica do esmalte alquídico feito com base no pigmento orgânico M-1

Todas as amostras da análise térmica da determinada tinta de esmalte alquídico foram realizadas em modo dinâmico a uma velocidade de 10 graus/minuto numa argamassa de alumínio.

Foram tomados 4,9 mg de tinta de esmalte alquídico preparada à base de pigmento orgânico M-1, e o processo foi levado a cabo a uma temperatura de 20-600°C. A tinta de esmalte alquídico foi estudada por análise termogravimétrica (TG) e análise térmica diferencial (DTA). Foram observados três efeitos endotérmicos a temperaturas de 290°C, 382°C, 427°C e um efeito exotérmico a 538°C Figura 3.2.

A análise da curva termogravimétrica da tinta de esmalte alquídico obtida mostra que a curva TG tem lugar principalmente na gama de 3 temperaturas intensivas de perda de massa. A gama de perda de massa 1 corresponde à temperatura de 26,83 - 229,69°C, a gama de perda de massa 2 corresponde à temperatura de 229,69 - 497,48°C, e a gama de perda de massa 3 corresponde à temperatura de 497,48 - 600°C.

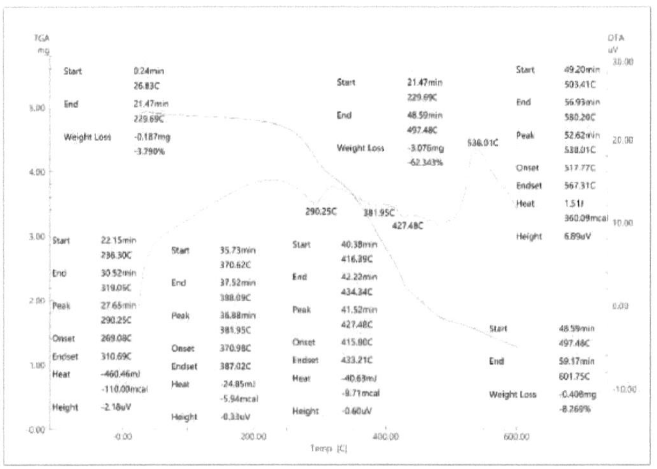

Figura 3.2. Derivatograma do esmalte alquídico feito com base no pigmento orgânico M-1

Os resultados da análise mostram que 3,79% de perda de massa é observada no intervalo de perda de massa 1, enquanto 62,343% de perda de massa 2 ocorre. A perda de massa no 3° intervalo de perda de massa é de 8,269%.

A análise térmica diferencial da tinta de esmalte alquídico mostra que a absorção de energia ocorre na gama de 236,3 - 319,05°C, 370,62 - 388,09°C e 416,39 - 434,34°C. Ao mesmo tempo, a energia é libertada na gama de 503,41 - 580,2°C [112].

3.2.2. Análise térmica do esmalte alquídico feito com base no pigmento orgânico M-2

Foram tomados 10,07 mg de tinta de esmalte alquídico preparada à base de pigmento orgânico M-2, e o processo foi levado a cabo a uma temperatura de 20-600°C. A tinta de esmalte alquídico foi estudada por análise termogravimétrica (TGA) e análise térmica diferencial (DTA). Foram observados três efeitos endotérmicos a temperaturas de 303, 425, 489°C (Fig. 3.3).

A análise da curva termogravimétrica do esmalte obtido mostra que a curva TGA tem lugar principalmente na gama de temperaturas de 3 perdas de massa intensivas. O 1º intervalo de perda de massa corresponde à temperatura de 32,06 - 236,92°C, o 2º intervalo de perda de massa corresponde à temperatura de 236,92 - 500,24°C, e o 3º intervalo de perda de massa corresponde à temperatura de 500,24 - 600°C.

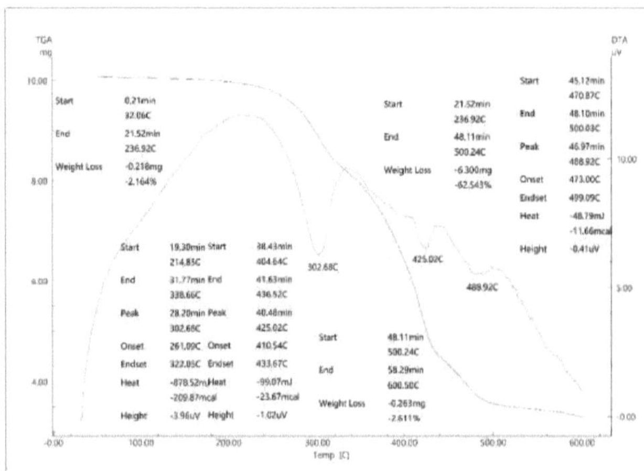

Figura 3.3. Derivatograma do esmalte alquídico feito com base no pigmento orgânico M-2

A análise mostra que a perda de massa 1 é a decomposição mais intensiva, com perda de massa 0,218 mg, ou seja, 2,164% observada no intervalo de perda de massa 1. A principal quantidade de perda de massa neste decaimento é 6,3 mg, ou seja, 62,5%. No intervalo de perda de massa 3, a perda de massa é de 0,263 mg, ou seja, 2,6%.

Sabe-se pela análise térmica diferencial da tinta de esmalte alquídico que a absorção de energia ocorre na gama de 214,85 - 338,66°C, 404,64 - 436,52°C e 470,87 - 500,03°C.

3.2.3. Análise térmica do esmalte alquídico feito com base no pigmento orgânico K-1

Todas as amostras da análise térmica da determinada tinta de esmalte alquídico foram realizadas em modo dinâmico a uma velocidade de 10 graus/minuto numa argamassa de alumínio.

Foram obtidos 6,593 mg de tinta de esmalte alquídico preparada com base no pigmento orgânico K-1, e o processo foi realizado a uma temperatura de 20-600°C. A tinta de esmalte alquídico foi estudada por análise termogravimétrica (TGA) e análise térmica diferencial (DTA). Foram observados efeitos endotérmicos a uma temperatura de 449°C (Fig. 3.4).

A análise da curva termogravimétrica da tinta de esmalte alquídico obtida mostra que a curva TGA tem lugar principalmente na gama de temperaturas de 3 perdas de massa intensivas. O 1º intervalo de perda de massa corresponde à temperatura de 27,24 - 157,02°C, o 2º intervalo de perda de massa corresponde à temperatura de 157,02 - 476,28°C, e o 3º intervalo de perda de massa corresponde à temperatura de 476,28 - 600°C [113].

Os resultados da análise mostram que se observa uma perda de massa de 3,125% no intervalo de perda de massa 1, enquanto 86,9% da perda de massa 2 tem lugar. No 3º intervalo de perda de massa, a perda de massa é de 11,3%.

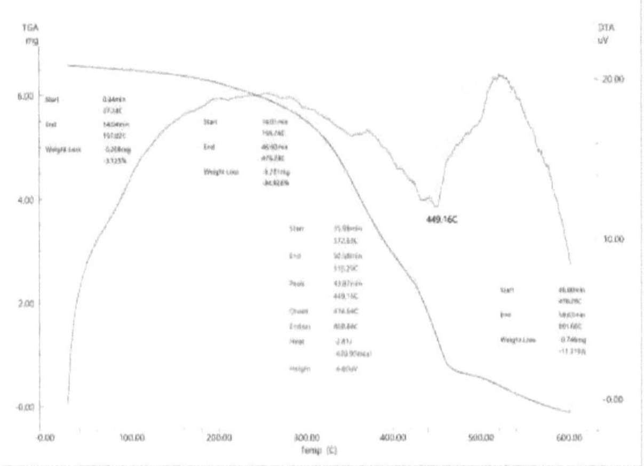

Figura 3.4. Derivatograma do esmalte alquídico feito com base no pigmento orgânico K-1

A análise térmica diferencial da tinta de esmalte alquídico mostra que a absorção de energia ocorre na gama de 372,6 - 515,29°C.

3.2.4. Análise térmica do esmalte alquídico feito com base no pigmento orgânico K-2

Todas as amostras da análise térmica da determinada tinta de esmalte alquídico foram realizadas em modo dinâmico a uma velocidade de 10 graus/minuto numa argamassa de alumínio.

Foram obtidos 8,096 mg de tinta de esmalte alquídico preparada à base de pigmento orgânico K-2, e o processo foi realizado a uma temperatura de 20-600°C. A tinta de esmalte alquídico foi estudada por análise termogravimétrica (TGA) e análise térmica diferencial (DTA). Foram observados dois efeitos endotérmicos a temperaturas de 322 e 432°C Fig. 3.5.

A análise da curva termogravimétrica da tinta de esmalte alquídico obtida mostra que a curva TGA tem lugar principalmente na gama de temperaturas de 3 perdas de massa intensivas. O 1º intervalo de perda de massa corresponde à temperatura de 28,19 - 222,28°C, o 2º intervalo de perda de massa corresponde à temperatura de 222,28 - 453,28°C, e o 3º intervalo de perda de massa corresponde à temperatura de 453,28 - 600°C [114].

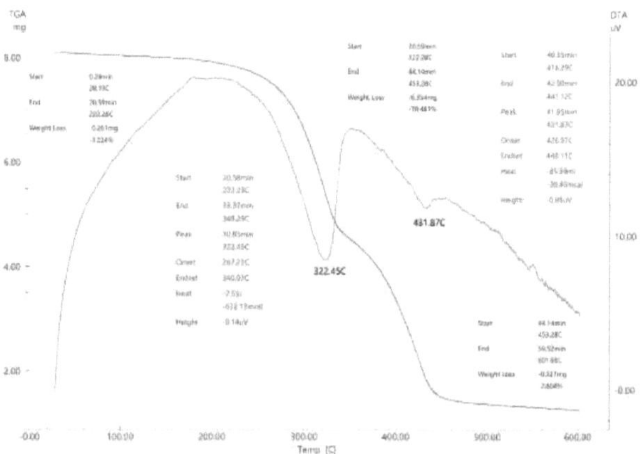

Figura 3.5. Derivatograma do esmalte alquídico feito com base no pigmento orgânico K-2

Os resultados da análise mostram que se observa uma perda de massa de 3,224% no intervalo de perda de massa 1, enquanto 78,483% da perda de massa 2 tem lugar. A perda de massa no 3º intervalo de perda de massa é de 2,804%.

A análise térmica diferencial da tinta de esmalte alquídico mostra que a absorção de energia ocorre na gama de 222,23 - 348,29°C e 416,29 - 441,12°C.

3.2.5. Derivatograma de esmalte alquídico com adição de pigmento CuPc para controlo

A figura 3.6 mostra o derivatograma do esmalte alquídico preparado pela adição do pigmento CuPc tomado para controlo. De acordo com ela, 2 temperaturas de decomposição intensivas são conhecidas na análise termogravimétrica dinâmica do esmalte alquídico. Estas divisões correspondem a intervalos entre 60-215°C e 215-380°C.

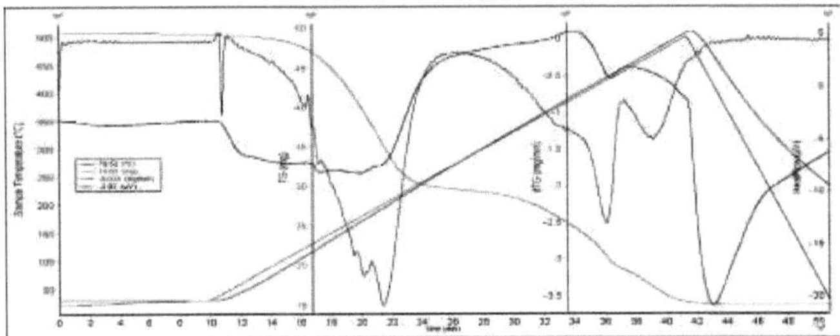

A figura 3.6 mostra o derivatograma do esmalte alquídico preparado pela adição do pigmento CuPc tomado para controlo.

Segundo ela, 2 temperaturas de decomposição intensiva são conhecidas na análise termogravimétrica dinâmica do esmalte alquídico. Estas divisões correspondem aos intervalos de 60-215°C e 215-380°C.

De acordo com as investigações, descobriu-se que 11,76 mg de esmalte adicionado de ftalocianina de cobre permanecem de 50 mg de esmalte inicial à temperatura de 500°C, que é 76,48%.

Quadro 3.2.

Tabela de comparação de análises térmicas de produtos de lacagem com base em novos pigmentos orgânicos

№	Temperatura °C	Massa residual, mg	Massa perdida, mg	Massa perdida,%	Quantidade de energia consumida (μV*s/mg)
Geral da tinta feita de pigmento orgânico M-1 массада 4,934 мг олинган					
1	100	4,8	0,068	1,37	8,23
2	200	4,8	0,138	2,8	18,47
3	300	4,1	0,83	16,8	28,6
4	400	2,79	2,14	43,4	38,7
5	500	1,66	3,27	66,4	48,8
6	600	1,26	3,67	74,4	59,1

O quadro 3.2 continua

Foram obtidos 10,07 mg da massa total da tinta feita a partir de pigmento orgânico M-2

1	100	10,04	0,03	0,3	7,7
2	200	9,9	0,1	1,02	17,8
3	300	8,9	0,16	11,55	27,9
4	400	6,4	3,6	36.36	38.1
5	500	3,55	6,5	64,7	48,1
6	600	3,29	6,78	67,3	58,2
6,593 mg da massa total de tinta feita a partir de pigmento orgânico K-1 foi obtido					
1	100	6.49	0,11	1,67	13.9
2	200	6.2	0,4	6,07	18.7
3	300	5.5	1,1	16,69	18.17
4	400	2.9	3,7	56,12	14.8
5	500	0.5	6,1	92,5	17.5
6	600	0.1	6,5	98,6	14.57
Foram obtidos 8,096 mg da massa total de tinta feita de pigmento orgânico K-2					
1	100	8,03	0,07	0,87	15,48
2	200	7,9	0,2	2,47	20,19
3	300	6,59	1,51	18,66	11,9
4	400	3,35	4,75	58,67	14,38
5	500	1,36	6,74	83,25	10,59
6	600	1,25	6,85	84,61	5,04
Foi obtida uma massa total de 50 mg de tinta feita de pigmento CuPc de controlo					
1	50	48,903	1,097	2,194	1,45
2	100	31,309	18,691	37,382	2,91
3	200	30,209	19,791	39,58	4,09
4	300	22,406	27,594	55,19	5,08
5	400	21,896	28,104	56,208	6,93
6	500	16,66	33,34	66.68	8,07

A análise térmica geral do esmalte alquídico a alta temperatura, preparada através da adição de pigmentos orgânicos M-1, M-2, K-1 e K-2 à base de ácido tereftálico e pigmentos CuPc tomados para controlo, é dada no quadro 3.2 abaixo. De acordo com os resultados obtidos, verificou-se que os pigmentos orgânicos obtidos têm maior estabilidade térmica do que o produto importado.

§ 3.3. SEM e análise elementar de tintas com base em novos pigmentos orgânicos

As tintas recentemente sintetizadas baseadas em pigmentos orgânicos das marcas M-1, M-2, K-1 e K-2 foram estudadas no microscópio electrónico de varrimento MIRA 2 LMU equipado com o sistema de microanálise dispersiva de energia INCA Energy 350 (Figs. 3.7, 3.8). A resolução do microscópio é de 1 nm, e a sensibilidade do detector INCA Energy é de 133 eV/10 mm2, permitindo a análise de elementos desde o berílio até ao plutónio. As análises do microscópio electrónico de varrimento foram realizadas sob alto vácuo. A análise elementar de pigmentos foi realizada neste dispositivo e estudada em campos com uma tensão de aceleração de 20 keV e uma corrente de 1 nA. Neste trabalho, foram obtidas imagens de varrimento electrónico a 30 keV de aceleração, a 500 e 200 aumentos, e a 0,66 e 1,653 μm da região visível. São apresentadas 200 vezes imagens ampliadas de tintas baseadas em pigmentos orgânicos sintetizados M-1, M-2, K-1 e K-2.

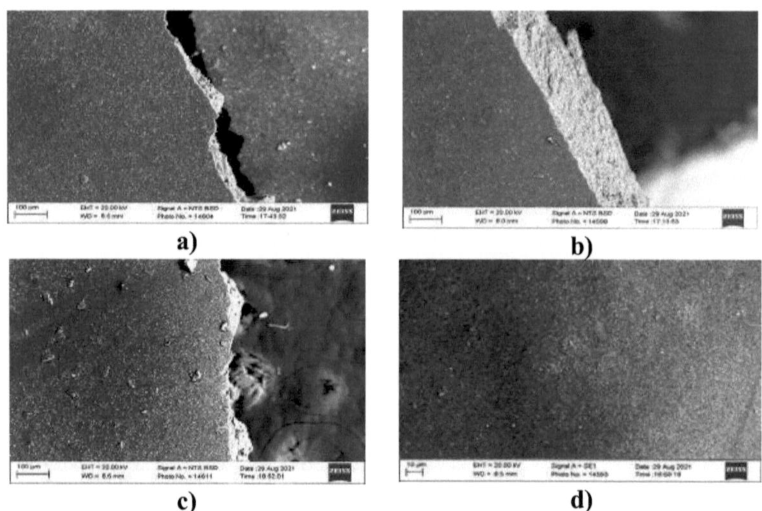

Figura 3.7. Imagens SEM de tintas baseadas em novos pigmentos orgânicos. a) M-1, b) M-2, c) K-1, d) K-2

A partir das imagens obtidas, pode-se ver que as moléculas de pigmento estão uniformemente distribuídas na superfície das amostras de pasta de tinta. A análise elementar de grandes aglomerados foi também realizada numa superfície separada, utilizando um microscópio electrónico de varrimento. Quando grandes grupos de elementos foram analisados, não foi encontrado qualquer elemento em excesso, excepto no que diz respeito ao pigmento nos pontos estudados.

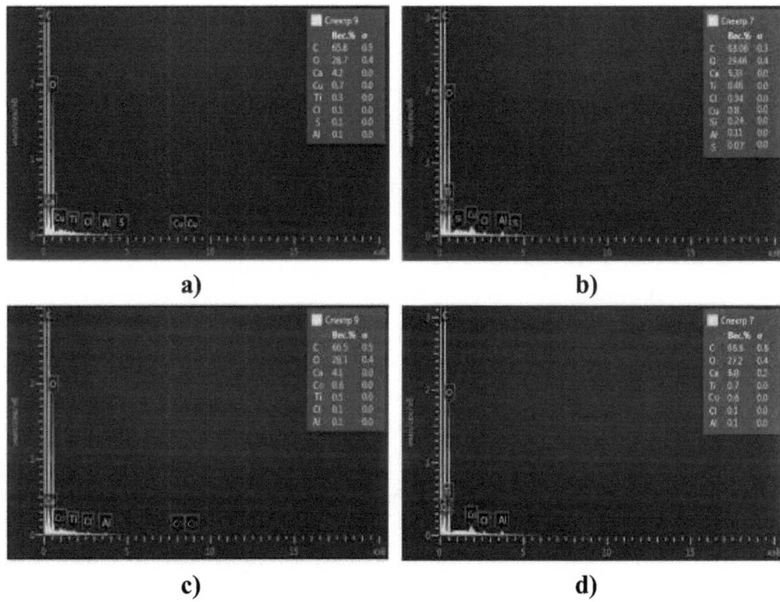

a)   b)

c)   d)

Figura 3.7. Resultados da análise elementar de tintas baseadas em novos pigmentos orgânicos a) M-1, b) M-2, c) K-1, d) K-2

§ **3.4. Verificação da conformidade de produtos de pintura de localização baseados em novos pigmentos orgânicos com as normas estatais.**

Quadro 3.3.

Comparação das propriedades físicas e mecânicas do esmalte PF-115 preparado com base em novos pigmentos orgânicos de acordo com GOST 6465-76

№	O nome dos indicadores		Norma indicadora	Resultado
1	A cor do revestimento de esmalte		Número de acordo com "Kartoteka".	Encaixa
	а)	O azul 423	423	
	б)	Azul	427, 428	
2	O exterior do revestimento Aparência		Após a secagem, o esmalte forma um revestimento liso e homogéneo sem partículas estranhas	Encaixa
	а)	O azul 423		
	б)	Azul		
3	O brilho do revestimento, de acordo com o dispositivo fotoeléctrico blescomer, não é inferior a %.		Padrão de acordo com GOST 896-69	
	а)	O azul 423	50	51
	б)	Azul	50	50
4	Viscosidade condicional a uma temperatura de 20±0,5°C (medida num viscosímetro VZ-246)		Padrão de acordo com GOST 8420-	
	а)	O azul 423	80-120	105
	б)	Azul	80-120	110
5	Fração de massa de substâncias não voláteis na composição,%		Padrão de acordo com GOST 17537-72	

	а)	O azul 423	60-66	61
	б)	Azul	60-66	62
6		Grau de liquefacção durante 28-30 s a uma temperatura de 20±0,5°C (medido num viscosímetro VZ-246), não superior a	Padrão de acordo com GOST 17537-72	
	а)	O azul 423	20	20
	б)	Azul	20	20
7		Grau de moagem, µm, não muito	Padrão de acordo com GOST 6589-74	
	а)	O azul 423	25	25
	б)	Azul	25	25
8		Densidade do revestimento seco, não superior a g/m2	Padrão de acordo com GOST 8784-75	

O quadro 3.3 continua

	а)	O azul 423	60	60
	б)	Azul	40	40
9		O tempo de construção a uma temperatura de 20±2°C não é superior a uma hora	Padrão de acordo com GOST 19007-73	
	а)	O azul 423	24	24
	б)	Azul	24	24
10		A elasticidade do revestimento na dobragem não é superior a mm	Padrão de acordo com GOST 6806-73	
	а)	O azul 423	1	1
	б)	Azul	1	1
11		A resistência ao impacto do revestimento (medida no	Padrão de acordo com GOST 4765-73	

		instrumento U-1) não é inferior a cm		
	а)	O azul 423	40	40
	б)	Azul	40	40
1 2		A dureza do revestimento (medida com uma ferramenta pendular M-3) não é inferior a ShB (símbolo condicional)	Padrão de acordo com GOST 5233-89	
	а)	O azul 423	0,25	0,25
	б)	Azul	0,25	0,25
1 3		Қоплама адгезияси, балл дан кӱп эмас	Padrão de acordo com GOST 51140-98	
	а)	O azul 423	1	1
	б)	Azul	1	1
1 4		A uma temperatura de 20±2°C, a resistência do revestimento ao efeito estático da água não é inferior a uma hora	Padrão de acordo com GOST 9,403-80	
	а)	O azul 423	2	2
	б)	Azul	2	2
1 5		Resistência ao efeito estático de uma solução a 0,5% de detergentes de revestimento, não inferior a min	Padrão de acordo com GOST 9,403-80	
	а)	O azul 423	15	15
	б)	Azul	15	15
1 6		A resistência do revestimento ao efeito estático do óleo de transformador a uma temperatura de 20±2°C não é inferior a s	Padrão de acordo com GOST 9,403-80	

| a
) | O azul 423 | 24 | 24 |
| б
) | Azul | 24 | 24 |

Foram confirmadas amostras de esmalte PF-115 preparadas com base em novos pigmentos orgânicos das marcas M-1, M-2, K-1 e K-2 sintetizadas por GOST 6465-76 [100].

§ 3.5. Estudo do efeito dos novos pigmentos orgânicos adicionados ao polietileno 0320 nas propriedades do polietileno

A fim de determinar outras propriedades físico-mecânicas do novo pigmento orgânico sintetizado, foi adicionado ao polietileno 0320 e o seu efeito sobre as propriedades físico-mecânicas foi estudado. Para tal, o polietileno foi adicionado na quantidade de 3%. Como resultado, foi obtido polietileno de cor azul, tingido intensivamente e distribuído uniformemente. As propriedades mecânicas e físico-químicas do polietileno colorido obtido foram determinadas numa máquina de ensaio universal. Os resultados obtidos são apresentados na Tabela 3.4.

Quadro 3.4.
Propriedades físicas e mecânicas do polietileno com 3% de pigmento orgânico M-1

O nome	Módulo de resiliência, MPa	Flexibilidade máxima,%	Poder de separação, N	Tensão de separação, MPa	Resistência de separação,%
1. PE+3% M-1	158.5	593.5	186.02	14.8	593.4
2. PE +3% M-1	154.08	611.5	188.8	15.1	611.4
3. PE +3% M-1	153.5	593.7	186.72	14.48	593.54
Média	155.74	602,5	187,4	14,9	602,64
Desvio padrão	3.2	31.4	15.3	1.2	931.4
Máximo	158.5	611.5	188.8	15.1	611.4
Mínimo	154.08	593.5	186.02	14.8	593.4

A tabela 3.4 mostra os valores da resistência à tracção do polietileno pintado com base em 3 amostras colhidas, e o valor médio dos resultados em comparação com os requisitos GOST.

O módulo de elasticidade da amostra de polietileno com 3% de pigmento orgânico M-1 era de 155,4 MPa no intervalo de 0% a 3% de deformação da amostra. A força utilizada para quebrar a amostra de polietileno com pigmento orgânico é de 187,4 N. A resistência à tracção da amostra é de 14,9 MPa. A quantidade de deformação da amostra antes da falha mostra 602,64%, ou seja, a área da amostra envolvida no teste foi esticada 6,025 vezes (Fig. 3.12).

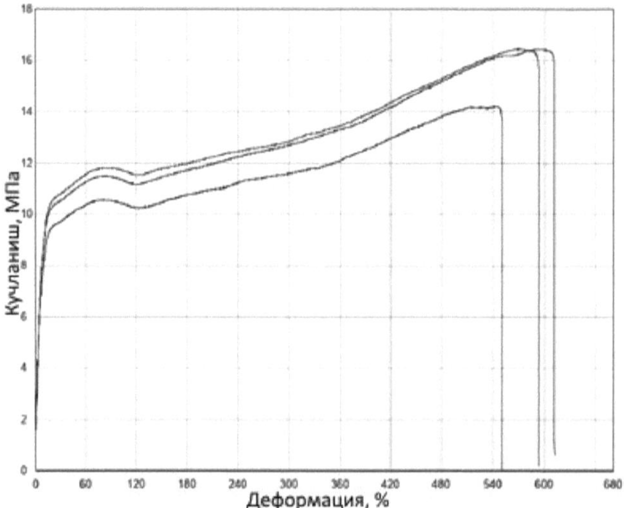

Figura 3.12. Diagrama de resistência à tracção do polietileno pigmentado orgânico M-1

O módulo de elasticidade da amostra de polietileno com PE+3% M-2 pigmento orgânico foi de 172,8 MPa na gama de 0% a 3% de deformação. A força utilizada para quebrar a amostra de polietileno com pigmento orgânico é de 193,3 N. A resistência à tracção da amostra é de 15,5 MPa. A quantidade de deformação da amostra antes da falha mostra 659,6%, ou seja, a área da amostra envolvida no ensaio foi esticada 6,597 vezes (Fig. 3.13).

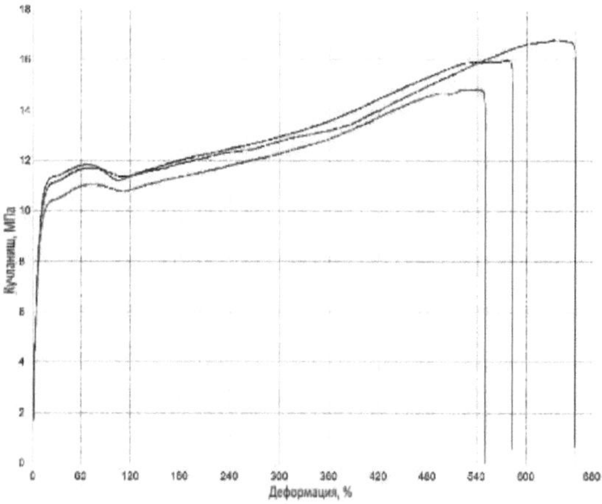

Figura 3.13. Diagrama de resistência à tracção do polietileno pigmentado orgânico M-2

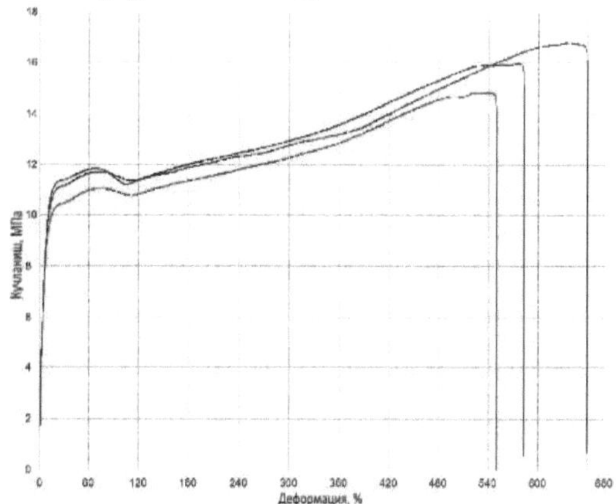

Figura 3.13. Diagrama de resistência à tracção do polietileno pigmentado orgânico M-2

Nesta imagem, os resultados dos indicadores de deformação-esforço da amostra de polietileno com pigmento orgânico adicionado em conformidade com os requisitos de GOST são apresentados através da recolha de 3 amostras.

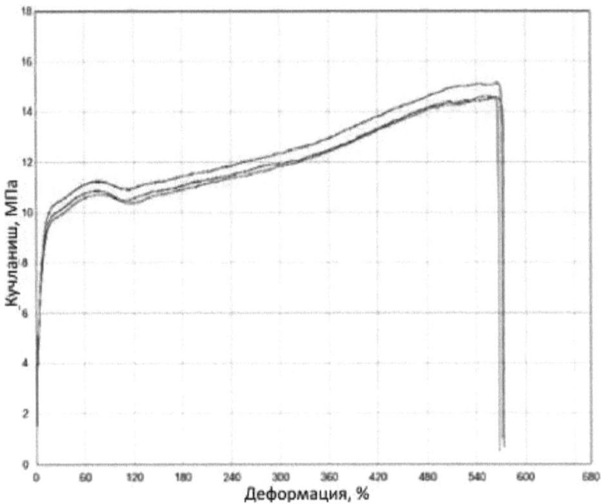

Figura 3.14. Diagrama de resistência à tracção do polietileno orgânico pigmentado de grau K-1

O módulo elástico de tracção da amostra de polietileno com PE+3% K-1 pigmento orgânico foi de 145,4 MPa no intervalo de 0% a 3% de deformação da amostra. A força utilizada para quebrar a amostra de polietileno com pigmento orgânico é de 171,4 N. A resistência à tracção da amostra é de 13,7 MPa. A quantidade de deformação da amostra antes da falha mostra 571,5%, ou seja, a área da amostra envolvida no ensaio foi esticada 5.716 vezes (Fig. 3.14).

O módulo de elasticidade do polietileno com adição de pigmento orgânico de PE+3% K-2 amostra foi de 158,7 MPa no intervalo de 0% a 3% de deformação da amostra. A força utilizada para quebrar a amostra de polietileno com pigmento orgânico é de 192,01 N. A resistência à tracção da amostra é de 15,4 MPa. A quantidade de deformação da amostra antes da falha mostra 570,7%, ou seja, a área da amostra envolvida no ensaio foi esticada 5.708 vezes (Fig. 3.15).

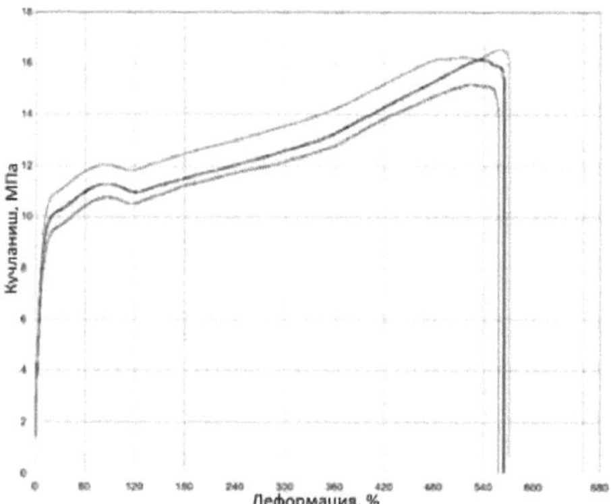

Figura 3.15. Diagrama de resistência à tracção do polietileno orgânico pigmentado de grau K-2

O módulo de tracção da amostra de PE 0320 era de 134,9 MPa na gama de 0% a 3% de tensão. A força utilizada para quebrar a amostra de polietileno pintado é de 170,6 N. A resistência à tracção da amostra é de 13,6 MPa. A deformação da amostra antes da quebra é de 568,9%, ou seja, a área da amostra envolvida no ensaio é esticada 5.691 vezes (Fig. 3.16).

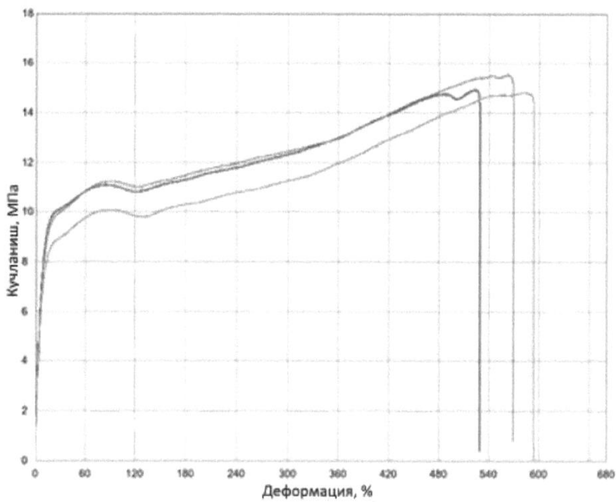

Figura 3.16. Diagrama de resistência à tracção do polietileno sem adição de pigmento orgânico

De acordo com os resultados da análise acima, verificou-se que a adição de novo pigmento orgânico M-2 a 0320 polietileno não afectou negativamente as propriedades físicas e mecânicas do polietileno.

Verificou-se que a resistência relativa à tracção de amostras de polietileno com pigmento orgânico aumenta na seguinte ordem (Quadro 3.5).

$$PE < K\text{-}1 < M\text{-}1 < M\text{-}1 < K\text{-}2 < M\text{-}2$$

Quadro 3.5.

Propriedades físico-mecânicas do polietileno com e sem novos pigmentos orgânicos

Nome	Módulo de elasticidade, MPa	Máx. Resistência à flexão, N	Máx. Tensão de flexão, Mpa	Máx. Elongação, %	Interrupção Kuchi, N	Resistência à tracção, MPa	Resistência de separação
1. PE+3% M-1	155.74	4.7	0.4	602,5	187,4	14,9	604,53
2. PE +3% M-2	172,8	7,9	0,6	659,7	193,3	15,5	661,5
3. PE +3% К-1	145,4	12,5	0,9	571,6	168,2	13,5	572,6
4. PE +3% К-2	158.7	8.08	0.6	570.8	192.01	15.4	571.9
0320-ПЭ	134.9	9.9	0.8	569,1	170.6	13.6	567.8

Análise térmica do polietileno pigmentado orgânico M-1. A análise térmica do polietileno com 3% de pigmento orgânico M-1 foi realizada na gama de temperaturas de 20-600°C. Todas as amostras de análise térmica do polietileno pintado foram realizadas em modo dinâmico a uma velocidade de 10 graus/min numa argamassa de alumínio. Além disso, foram mostrados pontos endotérmicos e exotérmicos do polietileno obtido.

A estabilidade térmica das amostras preparadas pela adição de 3% dos pigmentos obtidos ao polietileno foi estudada pelo método termogravimétrico.

A temperatura máxima de 600°C foi seleccionada para o polietileno com 3% de pigmento orgânico M-1 mostrado na Figura 3.17, e os resultados da análise do polietileno foram estudados de acordo com o derivatograma termogravimétrico (TGA) dado e a análise termogravimétrica diferencial. Foram observados dois efeitos endotérmicos a temperaturas de 123,82°C e 483,46°C. O polietileno pintado foi tomado numa quantidade de 5,75 mg num cadinho de alumínio resistente ao calor de 600°C, e a temperatura foi gradualmente aumentada a partir dos 20°C.

Figura 3.17. Derivatograma de polietileno com 3% de pigmento orgânico M-1.

A análise da curva termogravimétrica do polietileno com 3% de pigmento orgânico de grau M-1 mostra que a curva TGA ocorre principalmente na gama de temperaturas de 2 perdas de massa intensivas. O 1° intervalo de perda de massa corresponde à temperatura de 27,21-387,65°C, o 2° intervalo de perda de massa corresponde à temperatura de 387,65 - 600°C. A análise mostra que no intervalo de perda de massa 1, a perda de massa de 0,108 mg, ou seja 1,878%, é observada, enquanto que a perda de massa 2 é a decadência mais intensiva. A principal quantidade de perda de massa neste decaimento é de 5,597 mg, ou seja, 97,339%.

A análise termogravimétrica diferencial do polietileno com 3% de pigmento orgânico M-1 é apresentada na Figura 3.17. A análise

89

termogravimétrica diferencial do pigmento orgânico mostra que a absorção de energia ocorreu na gama de 88,67 - 161,8°C e 359,6 - 512,9°C.

A análise térmica do polietileno com 3% de pigmento orgânico M-2 foi realizada na gama de temperaturas de 20-600°C. Todas as amostras da análise térmica do dado polietileno foram realizadas em modo dinâmico a uma velocidade de 10 graus/minuto numa argamassa de alumínio. Além disso, foram provados os pontos endotérmicos e exotérmicos da composição.

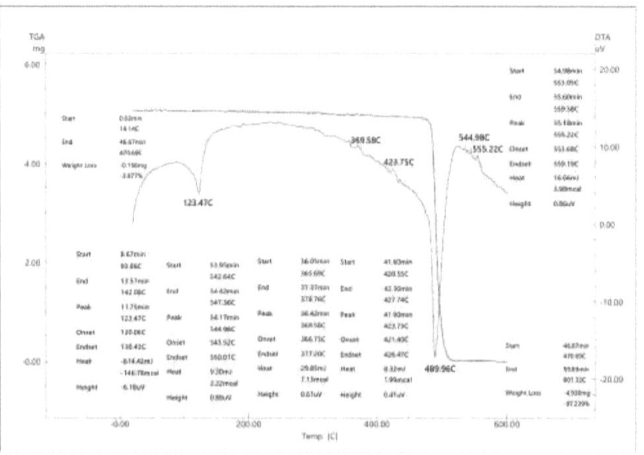

Figura 3.18. Derivatograma de polietileno com adição de 3% de pigmento orgânico M-2

A temperatura máxima de 600°C foi seleccionada para o polietileno com 3% de pigmento orgânico de marca K-1 mostrado na Figura 3.18, e os resultados da análise do polietileno foram estudados de acordo com o derivatograma termogravimétrico (TGA) dado e a análise termogravimétrica diferencial. Foram observados dois efeitos endotérmicos a temperaturas de 123,47°C, 489,9°C e quatro efeitos exotérmicos a temperaturas de 369,58°C, 423,75°C, 544,98°C, 555,22°C. O polietileno pintado foi tomado numa quantidade de 5,07 mg num cadinho de boca aberta feito de alumínio resistente ao calor até 600°C, e a temperatura foi gradualmente aumentada a partir dos 20°C.

A análise da curva termogravimétrica do polietileno com 3% de pigmento orgânico de grau M-2 mostra que a curva TGA ocorre principalmente na gama de temperaturas de 2 perdas de massa intensivas. O 1º intervalo de perda de massa corresponde à temperatura de 20-470,69°C, o 2º intervalo de perda de massa corresponde à temperatura de 470,69 - 600°C. A análise mostra que a perda de massa 1 é o decaimento mais intensivo, com perda de massa 0,156 mg, ou seja, 3% observada no intervalo de perda de massa 1. A principal quantidade de perda de massa neste decaimento é 4,9 mg, ou seja, 97%.

A análise termogravimétrica diferencial do polietileno com 3% de pigmento orgânico M-2 mostrou que a libertação de energia ocorreu na gama de 93,8 - 142,08°C. A absorção de energia ocorre entre 93,8 - 142,08°C e 371,9 - 516,6°C.

A análise térmica do polietileno com 3% de pigmento orgânico da marca K-1 foi realizada na gama de temperaturas de 20-600°C. Todas as amostras da análise térmica do polietileno dado foram realizadas em modo dinâmico a uma velocidade de 10 graus/minuto numa argamassa de alumínio. Além disso, foram provados os pontos endotérmicos e exotérmicos da composição.

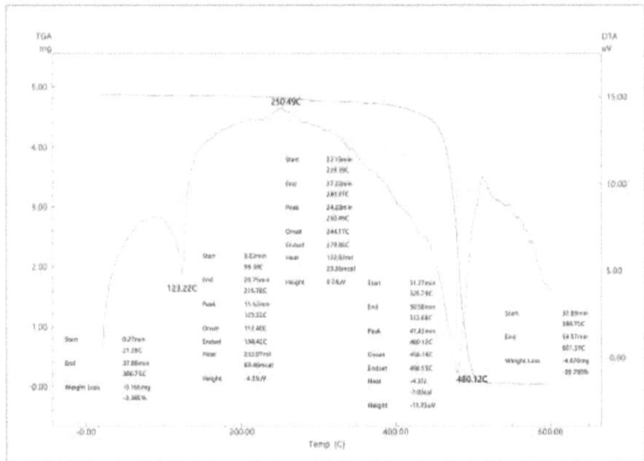

Figura 3.19. Derivatograma de polietileno com 3% de pigmento orgânico K-1

A temperatura máxima de 600°C foi seleccionada para o polietileno com 3% de pigmento orgânico de marca M-2 mostrado na Figura 3.19, e os resultados da análise do polietileno foram estudados de acordo com o derivatograma termogravimétrico (TGA) apresentado e a análise termogravimétrica diferencial. Foram observados dois efeitos endotérmicos a 123,22°C, 480,12°C e um efeito exotérmico a 250,49°C. 4,875 mg de polietileno tingido foram tomados num cadinho de boca aberta feito de alumínio resistente ao calor a 600°C, e a temperatura foi gradualmente aumentada a partir dos 20°C.

A análise da curva termogravimétrica do polietileno com 3% de pigmento orgânico de grau K-1 mostra que a curva TGA ocorre principalmente na gama de temperaturas de 2 perdas de massa intensivas. A 1ª gama de perdas de massa corresponde à temperatura de 21,28-386,75°C, a 2ª gama de perdas de massa corresponde à temperatura de 386,75 - 600°C. A análise mostra que a perda de massa 1 é a deterioração mais intensiva, com perda de massa 0,165 mg, ou seja, 3,385% observada na gama de perda de massa 1. A principal quantidade de perda de massa neste decaimento é 4,67 mg, ou seja 95,795%.

A análise termogravimétrica diferencial do polietileno com 3% de pigmento orgânico K-1 mostrou que a libertação de energia ocorreu na gama de 229,39 - 280,37°C. A absorção de energia ocorre entre 99,38 - 215,78°C e 325,79 - 512,68°C.

A análise térmica do polietileno com 3% de pigmento orgânico K-2 foi realizada na gama de temperaturas de 20-600°C. Todas as amostras de análise térmica do polietileno pintado foram realizadas em modo dinâmico a uma velocidade de 10 graus/minuto numa argamassa de alumínio. Além disso, foram provados os pontos endotérmicos e exotérmicos da composição.

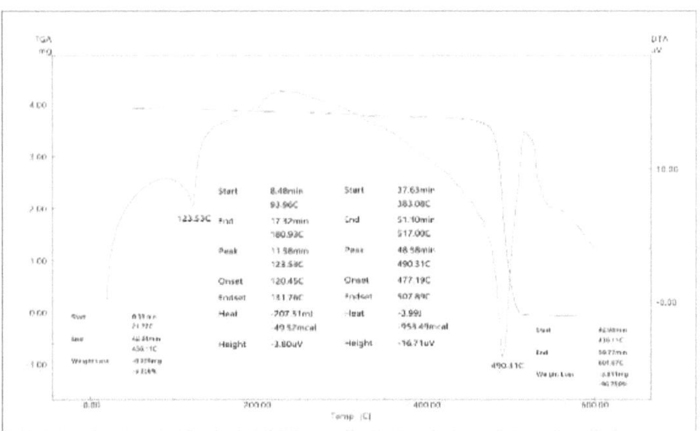

Figura 3.20. Derivatograma de polietileno com 3% de pigmento orgânico K-2

A temperatura máxima de 600°C foi seleccionada para o polietileno com 3% de pigmento orgânico de marca K-2 mostrado na Figura 3.20, e os resultados da análise do polietileno foram estudados de acordo com o derivatograma termogravimétrico (TGA) apresentado e a análise termogravimétrica diferencial. Foram observados dois efeitos endotérmicos a temperaturas de 123,53°C e 490,3°C. 3.939 mg de polietileno foram tomados num cadinho de boca aberta feito de alumínio resistente ao calor a 600°C, e a temperatura foi gradualmente aumentada a partir dos 20°C.

A análise da curva termogravimétrica do polietileno com 3% de pigmento orgânico de grau K-2 mostra que a curva TGA ocorre principalmente na gama de temperaturas de 2 perdas de massa intensivas. O intervalo de 1st de perda de massa corresponde à temperatura de 20-436°C, o segundo intervalo de perda de massa corresponde à temperatura de 436 - 600°C. A análise mostra que a perda de massa 1 é a deterioração mais intensiva, com perda de massa 0,209 mg, ou seja, 5,3% observada no intervalo de perda de massa 1. A principal quantidade de perda de massa nesta decomposição é 3,8 mg, ou seja, 96,7%.

A análise termogravimétrica diferencial do polietileno adicionado com 3% de pigmento orgânico K-2 mostra que a absorção de energia ocorre na gama de 93,9 - 180,9°C e 383,1 - 517°C.

Derivatograma de polietileno sem adição de pigmento orgânico

A análise térmica do polietileno 0320 foi realizada na gama de temperaturas de 20-600°C. Todas as amostras de análise térmica do polietileno pintado foram realizadas em modo dinâmico a uma velocidade de 10 graus/minuto numa argamassa de alumínio. Além disso, foram provados os pontos endotérmicos e exotérmicos da composição.

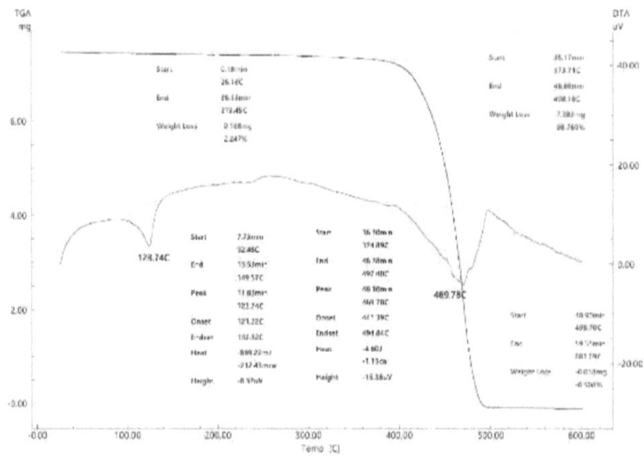

Figura 3.21. Derivatograma termogravimétrico de polietileno marca 0320.

A temperatura máxima de 600°C foi escolhida para o polietileno 0320 mostrado na Figura 3.21, e os resultados da análise do polietileno foram estudados de acordo com o derivatograma termogravimétrico (TGA) dado e a análise termogravimétrica diferencial. Foram observados dois efeitos endotérmicos a temperaturas de 124,07°C e 473,07°C. 6,482 mg de polietileno foram tomados num cadinho de boca aberta feito de alumínio resistente ao calor a 600°C, e a temperatura foi gradualmente aumentada a partir dos 20°C.

A análise da curva termogravimétrica do polietileno 0320 mostra que a curva TGA ocorre principalmente nas 3 gamas intensivas de temperatura de perda de massa. A gama de perda de massa 1 corresponde a temperaturas de 22 - 386,29°C, a gama de perda de massa 2 corresponde a temperaturas de 386,29 - 504,147°C, e a gama de perda de massa 3 corresponde a temperaturas de 504,147-600°C. A análise mostra que a perda de massa 1 é a deterioração mais intensiva, com perda de massa 0,054 mg, ou seja, 0,8% observada no intervalo de perda de massa 1. A principal quantidade de perda de massa neste decaimento é 6,389 mg, ou seja, 98,6%. No intervalo de perda de massa 3, a perda de massa é de 0,003 mg, ou seja, 0,05%.

A análise termogravimétrica diferencial do polietileno 0320 mostra que a absorção de energia ocorre entre 103,7 - 155,6°C e 393 - 508°C.

Os resultados da comparação dos derivatogramas de polietileno com novos pigmentos orgânicos e polietileno sem pigmentos são apresentados no Quadro 3.6.

Pode ver-se no Quadro 3.6 que todas as amostras de polietileno com pigmento orgânico adicionado foram encontradas a um nível inferior ao nível de decomposição do polietileno a temperaturas até 400°C. Verificou-se que os pigmentos resultantes alteram a temperatura de decomposição do polietileno. Se a temperatura de decomposição do polietileno for de 373°C, a amostra de polietileno com pigmento orgânico adicionado K-1 aumenta para 386°C, M-1 para 387°C, K-2 para 436°C e M-2 para 470°C. Verificou-se que a temperatura de decomposição térmica é de 470°C, o valor máximo para o polietileno pigmentado M-2.

Quadro 3.6.

Tabela comparativa de derivatogramas de polietileno com novos pigmentos orgânicos e polietileno sem pigmentos

№	Temperatura,°C	Massa perdida, mg	Massa perdida,%	Quantidade de energia	Tempo gasto (min)	Massa residual dw	dw/dt (mg/min)

				consumida (µV*s/mg)		(mg)	
Foram obtidos 5,75 mg de polietileno com 3% de pigmento orgânico de marca M-1							
1	100	0.001	0,02	5.031	8,2	5.749	0,00012
2	200	0.006	0,1	11.159	18,2	5.744	0,0003
3	300	0,074	1,28	10.802	28,25	5.676	0,0026
4	400	0,127	2,2	6.595	38,3	5.623	0,0033
5	500	5,528	96,2	4.512	48,4	0.222	0.114
6	600	5,7	99,1	3.436	58,46	0.043	0,097
Foram obtidos 4,875 mg de polietileno com 3% de pigmento orgânico de marca M-2							
1	100	0,03	0,6	7,85	9,08	4,845	0,003
2	200	0,04	0,8	13,53	19,18	4,839	0,002
3	300	0,12	2,46	13,3	29,2	4,758	0,004
4	400	0,2	4,1	9,002	39,25	4,674	0,005
5	500	4,6	94,35	7,58	49,38	0,218	0,09
6	600	4,8	98,46	3,9	59,4	0,036	0,08
Foram obtidos 5,07 mg de polietileno com 3% de pigmento orgânico da marca K-1							
1	100	0,02	0,39	7.6	9,3	5.05	0,002
2	200	0,03	0,59	12.8	19,4	5.04	0,002
3	300	0,05	0,98	12.4	29,4	5.023	0,002
4	400	0,17	3,35	8.2	39,5	4.9	0,004
5	500	4,37	86,2	4.9	49,7	0.7	0,08
6	600	5,05	99,6	3.8	59,7	0.02	0,08
3,939 mg de polietileno com 3% de pigmento orgânico de grau K-2 foi obtido							
1	100	0,04	1,02	9.17	9,1	3.9	0,004
2	200	0,07	1,7	14.5	19,2	3.87	0,004
3	300	0,14	3,5	14.58	29,6	3.8	0,005
4	400	0,24	6,04	10.8	39,3	3.7	0,006
5	500	3,4	86,3	2.9	49,5	0.5	0,07
6	600	3,8	96,5	3.9	59,6	0.08	0,06

Quadro 3.6 continuar

Para o controlo, foram tomados 7,475 mg de 0320 polietileno na massa total							
1	100	0,106	1,42	9.65	9,05	7,36	0,011
2	200	0,15	2,08	13.29	19,4	7.32	0,007
3	300	0,3	4,2	14.09	29,3	7.17	0,01
4	400	0,56	7,56	11.24	39,8	6.9	0,02
5	500	7,43	99,5	4.5	49,3	0.045	0,15
6	600	7,46	99,8	2.67	59,8	0.015	0,13

Conclusão sobre o Capítulo III

Este capítulo apresenta os resultados da investigação sobre a aplicação de pigmentos orgânicos sintetizados. Os pigmentos resultantes foram utilizados em tinta de lok e corantes de polietileno. Com base em pigmentos, um novo esmalte alquídico colorido da classe PF-115 foi preparado e revestido sobre uma placa metálica. Foram estudadas as propriedades de aderência do revestimento e a sua resistência ao efeito estático da água. Foi provado que cumpre os requisitos de GOST 6465-76.

Foi realizada a análise térmica dos produtos de lok-paint feitos com base em novos pigmentos orgânicos, e ficou provado que são termicamente mais estáveis do que os pigmentos CuPs PR 15:1 importados do estrangeiro. A análise por microscópio electrónico de varrimento de tintas com base em pigmentos orgânicos M-1, M-2, K-1 e K-2 recentemente sintetizados mostra que o pigmento está uniformemente distribuído ao longo do volume da massa da tinta.

Verificou-se que a resistência relativa à tracção de amostras de polietileno com pigmento orgânico aumenta na seguinte ordem:

PE < K-1 < M-1 < M-1 < K-2 < M-2.

Verificou-se que os pigmentos resultantes alteram a temperatura de decomposição do polietileno. Se a temperatura de decomposição do polietileno for de 373°C, K-1 aumenta para 386°C, M-1 - 387°C, K 2 - 436°C e M-2 - 470°C na amostra de polietileno com pigmento orgânico adicionado. A temperatura máxima de decomposição térmica para o polietileno pigmentado M-2 foi encontrada a 470°C.

CAPÍTULO IV. ESQUEMA TECNOLÓGICO DE OBTENÇÃO DE PIGMENTOS ORGÂNICOS À BASE DE ÁCIDO TEREFTALÁTICO

4.1-§. Esquema tecnológico de obtenção de pigmentos orgânicos à base de ácido tereftálico

Foram obtidos novos pigmentos orgânicos de alto desempenho baseados em sais metálicos adicionais e ácido tereftálico para a síntese de pigmentos orgânicos, e foram propostas tecnologias de produção eficientes juntamente com a eficiência da sua utilização.

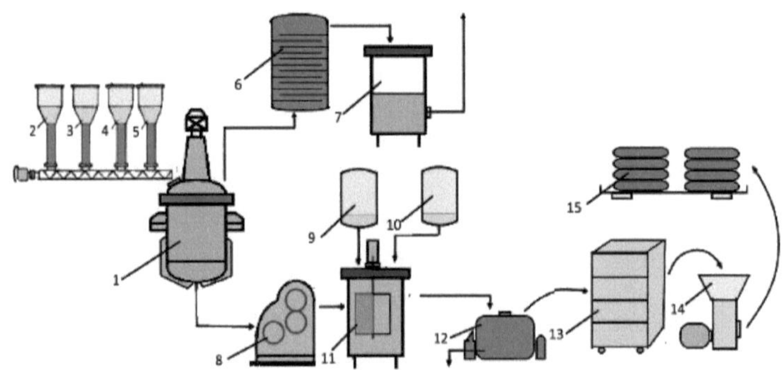

Figura 4.1. Princípio esquema tecnológico da produção de pigmentos orgânicos

1-Reactor de síntese, 2,3,4,5-capacidade de doseamento, 6-dispositivo de retenção de ftalimida, 7-capacidade de retenção de amoníaco, 8- triturador, 9-capacidade de ácido sulfúrico, 10-capacidade de água, 11-reactor de neutralização, 12-centrífuga, 13-móvel de secagem, 14-desintegrador, 15 produto acabado

Com base nos resultados da nossa investigação, a tecnologia de produção de pigmentos orgânicos M-1, M-2, K-1 e K-2 sintetizados à base de ácido tereftálico foi desenvolvida na Universidade Estatal de Termiz. As características especiais do esquema tecnológico proposto para os novos pigmentos orgânicos obtidos com base no ácido tereftálico são que a produção dos pigmentos orgânicos obtidos foi realizada num reactor, pelo método de aquecimento a alta temperatura e numa ordem mais simplificada das tecnologias existentes. Além disso, os pigmentos orgânicos obtidos foram obtidos principalmente com base em matérias-primas domésticas e locais. O esquema tecnológico para a produção de novos pigmentos orgânicos é apresentado na Figura 4.1 abaixo.

A fim de obter pigmentos orgânicos à base de ácido tereftálico, ácido tereftálico, ureia, anidrido ftálico, sais metálicos ($CuCl$; $CaCl_2$; $CoCl_2$;) e catalisador são medidos a partir dos doseadores 2, 3, 4, 5 na quantidade necessária, e a 1ª síntese é baixada para o reactor, e a temperatura é lentamente elevada para 130 É aquecida até -135°C até à liquefacção. A esta temperatura, o anidrido ftálico e a liquefacção da ureia, o ácido tereftálico dissolve-se nesta liquefacção. Após a liquefacção completa, a mistura é agitada com um agitador de âncora, e a temperatura é lentamente elevada a 185°C e aquecida durante 1 hora. Durante a reacção, o ftalimida e o gás NH3 são libertados, o ftalimida 6 libertado é capturado num dispositivo especial de armadilhagem. 7. A fim de reter o amoníaco, o gás amoniacal é absorvido pela água e a água amoniacal é obtida. Após a conclusão da reacção, forma-se uma substância castanha porosa no primeiro reactor de síntese. A substância resultante é arrefecida à temperatura ambiente e enviada para o 11º reactor de neutralização após moagem através do 8º triturador. É exposta ao 9º ácido sulfúrico concentrado. Neste caso, a temperatura do reactor é de 60°C durante 15 minutos e o ácido é adicionado para se livrar de substâncias não reagidas. Em seguida, deita-se água a ferver e mistura-se em reactor de 11-neutralizantes, e precipita-se pigmento orgânico. A solução aquosa resultante é lavada numa máquina de 12 centrifugação e lavada com água até o meio atingir o pH = 7. O produto final é seco em forno de secagem 13 a 60°C até atingir a massa final. O pigmento orgânico seco é triturado no 14º desintegrador. é peneirado e o pigmento orgânico acabado é pesado. O produto acabado, que é a 15ª colheita, é transferido para o armazém de armazenamento e embalado e distribuído para o mercado consumidor.

CONCLUSÃO

1. Foi desenvolvida a tecnologia para obter pigmentos orgânicos M-1, M-2, K-1 e K-2 sintetizados por aquecimento na presença de ácido tereftálico, ureia, anidrido ftálico, sais metálicos e um catalisador.

2. As propriedades dos pigmentos orgânicos M-1, M-2, K-1 e K-2 foram estudadas utilizando microscopia electrónica de varrimento (SEM), análise térmica e espectrofotometria UV. De acordo com os resultados da análise térmica, os pigmentos orgânicos obtidos foram considerados como um pigmento estável a altas temperaturas, ao contrário do pigmento CuPc PR 15:1 obtido para comparação.

3. O esmalte alquídico foi preparado adicionando 5% de pigmentos orgânicos recentemente sintetizados e os pigmentos CuPc PR 15:1 obtidos para comparação. A análise térmica do esmalte obtido mostrou que o esmalte preparado pela adição de pigmentos orgânicos M-1, M-2, K-1 e K-2 tem propriedades termicamente mais estáveis do que o esmalte de controlo. De acordo com os resultados, verificou-se que os pigmentos CuPc PR 15:1 têm uma série de vantagens em comparação com o pigmento orgânico sintetizado.

4. Foi determinada a dependência do conteúdo de pigmentos orgânicos sintetizados à base de ácido tereftálico da temperatura, duração da síntese, relação dos componentes iniciais e pH do ambiente.

5. Assim, a produção de pigmentos orgânicos M-1, M-2, K-1 e K-2 passou nos testes com sucesso. Com base nos requisitos padrão do esmalte PF-115 de diferentes cores, o pigmento recentemente sintetizado provou apresentar bons resultados de acordo com GOST 6465-76. O esmalte PF-115 preparado por adição de pigmentos orgânicos foi recomendado para ser usado como revestimento para materiais de construção, ferro, madeira, etc.

LISTA DE LITERATURA USADA

1.   Mikheev Y.A., Guseva L.N., Ershov Y.A. A natureza da cromaticidade do trifenilmetano, xanteno, ftalocianina, e tiazina corantes // Russ. J. Phys. Chem. A 2010 8410. Springer, 2010. Vol. 84, № 10. P. 1778–1791.

2.   Germinario G., Van Der Werf I.D., Sabbatini L. Pyrolysis cromatografia gasosa de dois pigmentos verdes de ftalocianina e sua identificação em sistemas de pintura // J. Anal. Pyrolysis. Elsevier, 2015. Vol. 115. P. 175–183.

3.   Gooch J.W. Phthalocyanine Pigments // Encycl. Dict. Polímero. Springer, Nova Iorque, NY, 2011. P. 535–535.

4.   Nemykina V.N., Lukyanets E.A. Síntese de ftalocianinas substituídas // Arkivoc. Arkat, 2010. Vol. 2010, № 1. P. 136–208.

5.   Woehrle D., Schnurpfeil G., Knothe G. ChemInform Abstract: Efficient Synthesis of Phthalocyanines and Related Macrocyclic Compounds in the Presence of Organic Bases. // ChemInform. 2010. Vol. 23, № 38. P. 28–29.

6.   Mikheev Y.A., Guseva L.N., Ershov Y.A. Espectro vibrónico de soluções e solas de ftalocianina de cobre // Russ. J. Phys. Chem. A 2007 814. Springer, 2007. Vol. 81, № 4. P. 617–625.

7.   Kim H.S., Muthukumar P., Ku K.S., Son Y.A. Síntese e caracterização do complexo de ftalocianina hidrossolúvel Cobre(II) e a sua coloração em fibras acrílicas // Fibras Poliméricas. Springer, 2020. Vol. 16, № 12. P. 2552–2557.

8.   Olgun U., Erdoğan E., Gülfen M., Yıldız S.Z. Síntese à base de nano-ouro, caracterização e energias de intervalo de banda de ouro(III)-2(3)-tetrakis(allyloxy)-substituído ftalocianina e corantes de ouro(III)-ftalocianina // J. Mater. Sci. Mater. Electron. Springer, 2021. Vol. 32,

№ 11. P. 15011–15025.

9. Tawiah B., Asinyo B.K., Badoe W., Zhang L., Fu S. Phthalocyanine pigmento verde de alumínio preparado por radical ácido inorgânico/polimerização radical/radical para aplicações têxteis de base aquosa // Int. J. Ind. Chem. Springer Berlin Heidelberg, 2017. Vol. 8, № 1. P. 17–28.

10. Степанян А. А., Бернашевский Н. В., Кулыгина З. П., Исак А.Д. Фталоцианиновые пигменты // Вісник Східноукраїнського національного національного університету імені Володимира Даля. 2014. № 9. С. 39–49.

11. Mansfeldová V. K.M., Tarábková H., Janda P., Nesměrák K. Célula versátil para caracterização espectroelectroquímica in-situ e nanomorfológica ex-situ de compostos de ftalocianina solúveis em água e insolúveis // Monatshefte fur Chemie. Springer-Verlag Wien, 2016. Vol. 147, № 8. P. 1393–1400.

12. Ion R.M. O uso de ftalocianinas e complexos relacionados em terapia fotodinâmica // Fotossensibilizadores em Medicina, Ambiente e Segurança. Springer Holanda, 2012. Vol. 9789048138. P. 315–349.

13. Periolatto M., Ferrero F., Giansetti M., Mossotti R., Innocenti R. Influência da protease no tingimento da lã com corantes ácidos // Cent. Eur. J. Chem. 2011 91. Springer, 2010. Vol. 9, № 1. P. 157–164.

14. Nauka K. et al. Surface molecular vibrations as a tool for analyzing surface impurities in copper phthalocyanine organic nanocrystals // Materials Research Society Symposium Proceedings. Springer, 2010. Vol. 1270, № 1. P. 133–136.

15. Chen W. et al. Estudo sobre oxidação catalítica de ftalocianina binuclear de cobre planar em ftalocianina 2-mercaptoetanol // Sci. China Ser. B Chem. 2006 496. Springer, 2006. Vol. 49, № 6. P. 522–526.

16. Navaei Z., Zanjanchi M.A. Síntese de um eficiente fotocatalisador por incorporação de ftalocianina no KIT-6 // SN Appl. Sci. Springer Nature, 2020. Vol. 2, № 6. P. 1–14.

17. Velichko A. V., Pavlovich L.B., Samigulina L.A. Sintetização de ftalocianinas de cobre e cobalto com base em resíduos de coqueria // Química de coque. 2012 555. Springer, 2012. Vol. 55, № 5. P. 179–183.

18. Vaze A.S., Pangarkar V.G., Manathkar N.P. Um esquema de processo proposto para a recuperação de valores metálicos de fluxos de resíduos de fabrico de pigmento // Clean Prod. Processo. 1998 11. Springer, 1998. Vol. 1, № 1. P. 49–51.

19. Heinfling A., Bergbauer M., Szewzyk U. Biodegradação de corantes azo e ftalocianina por Trametes versicolor e Bjerkandera adusta // Appl. Microbiol. Biotecnol. 1997 482. Springer, 1997. Vol. 48, № 2. P. 261–266.

20. Wöhrle D., Schnurpfeil G., Makarov S.G., Kazarin A., Suvorova O.N. Aplicações Práticas das Ftalocianinas - desde Corantes e Pigmentos até Materiais para Dispositivos Ópticos, Electrónicos e Fotoelectrónicos // Macroheteróciclos. Universidade Estatal de Química e Tecnologia de Ivanovo, 2012. Vol. 5, № 3. P. 191–202.

21. Liu L. Liu X., Chai Y., Wu B. Wang Ch. Modificação da superfície de TiO$_2$ nanoheets com fullerene e zinco-ftalocianina para redução fotocatalítica melhorada sob irradiação solar-luz // Sci. China Mater. 2020 6311. Springer, 2020. Vol. 63, № 11. P. 2251–2260.

22.Maizlish V.E., Martynyuk T.A., Shaposhnikov G.P. Preparação e propriedades do cobre tetra-4-[(4′-carboxi)fenilamino]ftalocianina // Russ. J. Gen. Chem. 2014 841. Springer, 2014. Vol. 84, № 1. P. 131–136.

23. Rumyantseva T.A., Alekseeva A.A., Tkachenko M.A. Síntese e

propriedades de ftalocianinas metálicas contendo cromóforos de antraquinona // Russ. J. Gen. Chem. Pleiades journals, 2020. Vol. 90, № 9. P. 1660–1663.

24. Erzunov D. Tikhomirova T.,Botnar A. Ftalodinitrilos e ftalocianinas de cobalto e cobre com base nelas: síntese, análise térmica e propriedades espectroscópicas // J. Therm. Anal. Calorim. Springer Science and Business Media B.V., 2020. Vol. 142, № 5. P. 1807–1816.

25. Chernii V. Tretyakova I., Selin R., Fedosova N., Kovalska V. Síntese e Reactividade de Zircónio e Hafnium Dihydroxophthalocyaninates // Russ. J. Inorg. Chem. Pleiades journals, 2020. Vol. 65, № 10. P. 1489–1493.

26. He W. Chen Ch.H. Yu Sh.K., Fan Z.Q. Du X.G. Síntese e 1.1 μm propriedades electrofosforescentes quase infravermelhas de uma ftalocianina de cobre fenoxi-substituintes. Springer, 2009. Vol. 54, № 3. P. 407–412.

27. Malyasova A.S., Kostrova E.A., Abramov I.G., Maizlish V.E., Koifman O.I. Síntese, interacções ácido-base, e fotoestabilidade do cobre(ii) tetrakis (3,5-di-terc-butilbenzoiloxi) ftalocianina // Russ. Quimioterapia. Bull. 2021 7012. Springer, 2022. Vol. 70, № 12. P. 2405–2415.

28. Botnar' A.A., Domareva N.P., Erzunov D.A., Futerman N.A., Tikhomirova T.V. Complexos metálicos de tetrakis(2-carboxifenilsulfanil)ftalocianina. Síntese, propriedades espectrais e catalíticas // Russ. Quimioterapia. Bull. 2021 707. Springer, 2021. Vol. 70, № 7. P. 1297–1303.

29. Tsivadze A.Y., Nosikova L.A., Kudryashova Z.A. nanoestruturas à base de ftalocianina cristalina líquida // Prot. Met. Phys. Chem. Superfícies 2012 482. Springer, 2012. Vol. 48, № 2. P. 135–157.

30. Moinuddin Khan M.H. Fasiulla K.J., Venugopala R.K.R. Síntese, investigações estruturais e estudos biológicos sobre complexos de 3,3,3",3"-tetra-methoxyphenylimino ftalocianina simetricamente substituídos // Russ. J. Inorg. Chem. 2008. Vol. 53, № 1. P. 68–77.

31. Mayer T. Weiler U., Kelting C. Schlettwein D., Makarov S. Wöhrle D., Abdallah O. Kunst M., Jaegermann W. Material de pigmento orgânico de silício híbridos para aplicação fotovoltaica // Sol. Mat. de Energia. Sol. Cells. 2007. Vol. 91, № 20. P. 1873–1886.

32. Huang J.D., Wang Sh., Lo P.Ch., Fong W.P., Ko W.H. Ng D.K.P. Silício halogenado (IV) ftalocianinas com cadeias axiais de poli(etilenoglicol). Síntese, propriedades espectroscópicas, complexação com albumina de soro bovino e actividades fotodinâmicas in vitro // Nova J. Chem. 2004. Vol. 28, № 3. P. 348–354.

33 .Дубинина Т.В., Томилова Л.Г., Зефиров Н.С. Синтез Фталоцианинов С С Расширенной Системой Пи-Электронного Сопряжения // Успехи Химии. 2013. Vol. 82, № 9. C. 865–895.

34. Zahou I. Chaabane R.B., Mlika R. Touaiti S., Jamoussi B. Ouada H.B. Propriedades ópticas e eléctricas das novas metalo-totalocianinas periféricas e mono -quinoleinoxy substituídas // J. Mater. Sci. Mater. Electron. Springer New York LLC, 2014. Vol. 25, № 7. P. 2878–2888.

35. Azim-Araghi M.E., Riyazi S. Synthesis, morphology and optical properties of nanocomposite thin films based on polypyrrole-bromo-aluminium phthalocyanine // J. Mater. Sci. Mater. Electron. Springer, 2013. Vol. 24, № 11. P. 4488–4493.

36. Reda S.M. Propriedades eléctricas e dieléctricas de alguns colectores solares luminescentes baseados em ftalocianinas e hematoporfirina dopada PMMA // Corante. Pigmento. Elsevier, 2007. Vol. 75, № 3. P. 526–532.

37. Buleandra M., Rabinca A.A., Badea I.A., Balan A., Stamatin I., Mihailciuc C., Ciucu A.A. Determinação volumétrica de isómeros de dihidroxibenzeno usando um eléctrodo descartável de grafite modificado com cobalto-ftalocianina // Microchim. Acta. Springer-Verlag Wien, 2017. Vol. 184, № 5. P. 1481–1488.

38. Stîngaciu E., Minča C., Sebe I. Pigmentos e corantes sulfonamídicos ftalocianina // Rev. Chim. 2007. Vol. 58, № 7. P. 650–654.

39. El-Refaey A., Shaban Sh.Y., El-Kemary M., El-Khouly M.E. Um complexo de ftalocianina de perileno derivado de zinco em água: estudos espectroscópicos e termodinâmicos // Photochem. Fotobiol. Sci. 2017 166. Springer, 2020. Vol. 16, № 6. P. 861–869.

40. Kliesch H. ChemInform Resumo: Síntese de Ftalocianinas com Um Ácido Sulfónico, Ácido Carboxílico, ou Grupo Amino // ChemInform. 2010. Vol. 26, № 42. p. 78-85.

41. Snow A.W., Griffith J.R., Marullo N.P. Syntheses and Characterization of Heteroatom-Bridged Metal-Fridged Metal-Fthalocyanine Network Polymers and Model Compounds // Macromolecules. 1984. Vol. 17, № 8. P. 1614–1624.

42. Cellucci L. Ercolani C., Lukes P.J., Chiesi-Villa, Angiola R.C. Síntese, estrutura cristalina de raios X e reactividade do dicloro (ftalocianinato) niobium (IV) (novo polimorfo) e tricloro (ftalocianinato) niobium (V) // J. Porphyr. Ftalocianinas. 1998. Vol. 2, № 1. P. 9–19.

43. Müuhl P. Die Herstellung von Phthalocyaninen des Zirkoniums und Hafniums // Zeitschrift für Chemie. 1967. Vol. 7, № 9. P. 352–353.

44. Xue J. Células fotovoltaicas orgânicas assimétricas em tandem com heterojunções moleculares híbridas planar-misturadas // Appl. Phys. Lett. 2004. Vol. 85, № 23. P. 5757–5759.

45. Robertson J. Nonlinear refractive beam shaping by an organic nonlinear absorber // Appl. Phys. Lett. 2001. Vol. 78, № 9. P. 1183–

1185.

46. Schlettwein D., Wöhrle D., Jaeger N.I. Redução Reversível e Reoxidação de Filmes Finos de Tetrapyrazinotetraazaporfirinas // J. Electrochem. Soc. 1989. Vol. 136, № 10. P. 2882–2886.

47. Riou M.T., Clarisse C. O efeito de substituição de terras raras na electroquímica de filmes de diftalocianina em contacto com um meio aquoso ácido // J. Electroanal. Química. 1988. Vol. 249, № 1-2. P. 181–190.

48 .Томачинская Л.А. Синтез фталоцианиновых дихлоридных комплексов титана, циркония и гафния // Журнал неорганической химии. 2002. Vol. 47, № 2. С. 254–257.

49. Yoshida K. Oku T., Suzuki A., Akiyama T., Yamasaki Y. Fabrico e Caracterização de PCBM:P3HT Heterojunction Solar Cells Doped com ftalocianina de germânio ou naftalocianina de germânio // Mater. C. Aplic. 2013. Vol. 04, № 04. P. 1–5.

50. Barrett P.A., Dent C.E., Linstead R.P. Phthalocyanines. Parte VII. A ftalocianina como grupo coordenador. Uma investigação geral sobre os derivados metálicos // J. Chem. Soc. 1936. P. 1719–1736.

51. Tomoda H. Saito Sh., Ogawa Sh., Shiraishi Sh. Síntese de ftalocianinas de ftalonitrilo com bases fortes orgânicas // Química. Lett. 1980. Vol. 9, № 10. P. 1277–1280.

52. Takasu M. Shiroya T., Takeshita K., Sakamoto M., Kawaguchi H. Preparação de látex colorido contendo corantes solúveis em óleo com alto teor de corante por polimerização em mini-emulsão // Polímero coloidal. Sci. Springer, 2003. Vol. 282, № 2. P. 119–126.

53. Tawiah B., Asinyo B.K., Badoe W., Zhang L., Fu S. Phthalocyanine pigmento verde de alumínio preparado por radical ácido inorgânico/polimerização radical/radical para aplicações têxteis de base aquosa // Int. J. Ind. Chem. Springer Berlin Heidelberg, 2017. Vol.

8, № 1. P. 17–28.

54. Andreev V.N., Ovsyannikova E. V., Alpatova N.M. Imobilização de ftalocianinas na condução de polímeros. Polianilina-cobre tetrasulfoftalocianina // Russ. J. Electrochem. 2010 469. Springer, 2010. Vol. 46, № 9. P. 1056–1062.

55. Yusupov M.O., Beknazarov Kh.S., Tillaev A., Dzhalilov A.T. Research of a New Pigment Based on Copper Phthalocyanin in Paint Coating Materials // Int. J. Adv. Sci. Technol. 2020. Vol. 29, № 3. P. 2244–2254.

56. Юсупов М.О.Бекназаров Х.С.Тиллаев А.Т., Джалилов А.Т. Янги таркибли кобальт фталоцианин пигментининг лок-бўёқ композициясидаги композициясидаги термоаналитик таҳлили // Композицион материаллар. 2019. № 3. 24–27 б.

57. Юсупов М.О., Бекназаров Х.С., Тиллаев А.Т., Джалилов А.Т. Янги турдаги кобальт фталоцианин пигментини йўл белгиларини бўяшда қўлланилиши // НамДУ илмий илмий ахборотномаси. 2020. № 2. 82–89 б.

58. Юсупов М.О., Шарипова Н.Ў., Бекназаров Ҳ.С., Джалилов А.Т. Азот, фосфор, кобальт тутган макрогетероциклик янги турдаги фталоцианин пигментини тадқиқ қилиш // "Фан ва технологиялар тараққиёти" Илмий-техникавий журнал. 2019. № 5. 63–68 б.

59 .Юсупов М.О., Нишонов А.М. Термический анализ анализ алкидных красителей красителей с добавкой добавкой синтезированного биология пигмента диамидофосфат-кобальт-фталоцианин (ДАФСОРС) // Universum химия и биология. 2020. Vol. 12, № 78. С. 9–12.

60 .Юсупов М.О., Бекназаров Х.С., Тиллаев А.Т., Соттикулов Э.С. Таркибида мис, азот, фосфор тутган янги турдаги турдаги пигментини тадқиқ қилиш // НамДУ илмий ахборотномаси. 2019.

№ 7. 55–61 б.

61 .Юсупов М.О., Шарипова Н.Ў., Бекназаров Ҳ.С., Джалилов А.Т. Азот, фосфор, кобалт тутган янги турдаги турдаги макрогетероциклик пигментини тадқиқ қилиш // Фан ва технологиялар тараққиёти. Илмий-_техникавий журнал. №5/2019 Бухоро. 63-68 б.

62 .Юсупов М.О., Бекназаров Х.С., Тиллаев А.Т., Бабамуратов Б.Э. Таркибида азот, фосфор, никель тутган янги турдаги турдаги макрогетероциклик пигментини тадқиқ қилиш // Композицион материаллар. 2019. № 3. 17–19 б.

63 .Файзиев Ж.Б., Бекназаров Х.С., Джалилов А.Т., Тиллаев А.Т. Таркибида мис тутган фталоцианин пигментини элемент элемент анализи ва ИҚ- спектери таҳлили // Композицион материаллар. 2020. № 2. 158–160 б.

64 .Файзиев Ж.Б., Бекназаров Х.С., Джалилов А.Т. Изучение электронной микроскопи и ик-спектрального анализа фиталоциантна меди // Universum: технические науки науки. 2020. № 8(77). С. 55–58.

65 .Файзиев Ж. Б., Бекназаров Х.С., Тиллаев А.Т. Мис-кальций сақловчи янги фталоцианин пигментини ДТГА ВА таҳлили ДСК натижалари натижалари // "Металлорганик юқори молекулали бирикмалар соҳасидаги долзарб муаммоларнинг инновацион ечимлари". Халқаро илмий-_амалий конфренция. 2021. 60–61 б.

66 .Файзиев Ж.Б., Бекназаров Х.С., Тиллаев А.Т., Джалилов А.Т. Мис фталоцианин пигментининг термик барқарорлигини барқарорлигини термик термик тахлил орқали ўрганиш // НамДУ илмий ахборотномаси. 2020. № 12. 59–62 б.

67 .Файзиев Ж.Б., Тиллаев А.Т. Мис-кальций сақловчи янги олиш фталоцианин пигментини олиш ва иқ спектрини қилиш қилиш //

"Металлорганик юқори молекулали таҳлил соҳасидаги долзарб муаммоларнинг инновацион ечимлари". Халқаро илмий-_амалий конфренция. 2021. 56–57 б.

68 .Файзиев Ж.Б., Бекназаров Х.С., Джалилов А.Т. Синтези и свойства фталоцианина меди // Universum: технические науки. 2020. № 3(72). С. 69–71.

69 .Файзиев Ж.Б., Джалилов А.Т. Металл фталоцианинларнинг синтезига ҳароратнинг таъсири // Международная конференция 106 "Инновационныое развитие нефтегазовой отралси, современная энергетика и их акуальные проблемы". 2020. 343–344 б.

70 .Файзиев Ж.Б., Бекназаров Х.С., Джалилов А.Т. Мис фталоцианин пигменти синтези ва унинг ИҚ-спектерининг таҳлилини ўрганиш ўрганиш // НамДУ илмий ахборотномаси. 2020. № 3. 125–128 б.

71 .Михеев Ю.А. Г.Л.Н., Ершов Ю.А. Электронно-колебательные спектры растворов и золей фталоцианина меди // Журнал физической химии. 2007. Vol. 81, № 4. С. 715–724.

72 .Галиханов М.Ф., Павлова Т.К. Изучение короноэлектретов на основе композиций полиэтилена Вестник с пигментами // Вестник Казанского технологического университета. Федеральное государственное бюджетное образовательное образовательное учреждение высшего образования "Казанский национальный исследовательский технологический университет", 2008. № 5. С. 106–111.

73 .Карасев В.Е., Мирочник А.Г., Хоменко Л.А., Зражва Б.А., Писарева Г.Ф. RU 2053247 C1 Полимерная композиция для изготовления сельскохозяйственных пленок. 1996. С. 6–10.

74 .Бикмуллин, Раис Сулейманович, Богданова, Светлана Алексеевна, Руссак А.В. RU 2377259 C2 Полимерный

композиционный материал окрашивания окрашивания полимеров. 2009.

75 .Графкин Б.Н., Батурина Е.Н. RU 2056447 C1 Способ получения красящих композиций для полимерных полимерных материалов. 1996.

76 .Шукуров Д.Х., Тураев Х.Х., Каримов М.У., Джалилов А.Т. Изготовление и анализ сенсибилизированных сенсибилизированных солнечных элементов с использованием использованием на на основе фталоцианина меди // Universum: технические науки науки. 2020. № 11(80). С. 73–77.

77 .Лавров Н.А., Игуменов М.С., Беседина К.С., Кузьмин В.В.В. Свойства изделий из линейного методом низкой технолгия плотности, получаемых методом ротационного формования // Химия и химическая технолгия. 2013. № 20(46). С. 48–50.

78 .Панкрашкин А., Иванов А., Рыжов В., Калугина Е. Подходы к окрашиванию полимерных труб // Полимерные трубы. 2013. № 2(40). С. 46–51.

79 .Гаранин А.Ф., Гореленков В.К., Шитикова Г.А., Ананьев В.В., Ламкин О.Б. RU 2120384 C1 Композиционный пленочный полимерный материал. 1998.

80 .Панкрашкин А.В., Иванов А.Н., Калугина Е.В. Особенности высокотемпературного старения термопластичных материалов полимерных композиционных основе основе на ПА6, окрашенных синим фталоцианиновым пигментом // Пластические массы. 2017. № 11–12. С. 55–58.

81 .Панкрашкин А.В., Иванов А.Н., Чалых А.Е., Матвеев В.В., Калугина Е.В. Влияние синего фталоцианинового фталоцианинового пигмента на структуру ПП // Пластические массы. 2010. № 9. С. 57–61.

82 .Желтов А. Я., Перевалов В.П. Основы теории цветности органических соединений. 2012. С. 347.

83. Hoffmann J., Puszynski A. Pigmentos e Corantes // Chem. Química de Engineeering. Process Technol. 2010. Vol. 5. P. 165-188.

84. Fridolin B. US6264733B1 Directores de crescimento de partículas de pigmento e/ou de fase cristalina. 2001. P. 8–12.

85. Tanja R.K., Plug Y.V. WO2007045311A1 Preparações pigmentares baseadas em diketopyrrolopyrroles. 2006. P. 4–6.

86 .Плотникова Р.Н., Корчагин В.И., Попова Л.В. Оценка возможности использования бромированных качестве фталатов из из отходов производства в качестве пластификатора-антипирена эфиров целлюлозы // Пластические массы. 2022. № 5–6. С. 50–52.

87. Panfilov D.A. Reciclagem química do polietilenetereftalato como método para obter modificadores eficazes de materiais poliméricos // Plast. massy. 2021. № 7–8. P. 25–30.

88. Tiso T., Narancic T., Wei R., Pollet E., Beagan N., Schröder K., Honak A. et. al. Towards bio-upcycling of polyethylene terephthalate // Metab. Eng. Academic Press Inc., 2021. Vol. 66. P. 167–178.

89. Moog D. Schmitt J., Senger J., Zarzycki J., Rexer K.H., Linne U., Erb T., Maier U. Utilizando uma microalga marinha como chassis para degradação do polietileno tereftalato (PET) // Microb. Facto celular. BioMed Central Ltd., 2019. Vol. 18, № 1.

90. Набиев Д.А., Тураев Х.Х., Джалилов А.Т. Таркибида фосфор, азот ва металл металл сақловчи Д-60 маркали олигомернинг хоссаларини физик-кимёвий илмий ўрганиш // НамДУ илмий ахборотномаси. 2021. № 10. 46–50 б.

91. Набиев Д.А., Тураев Х.Х., Джалилов А.Т. СЭМ и ИК анализ фосфор, азот и металлсодержащего органического олигомера //

Умидли кимёгарлар кимёгарлар - 2021, Ёш олимлар, магистрантлар ва бакалавриат илмий талабаларнинг XXX илмий - техникавий анжумани. Тошкент. 2021. 28–29 б.

92. Набиев Д.А., Тураев Х.Х., Джалилов А.Т. Маҳаллий хом ашёлар асосида металл металл сақлаган аддукт мочевина олигомерининг физик-кимёвий хоссалари таҳлили // "Маҳаллий хомашёлар ва иккиламчи ресурслар асосида инновацион технологиялар". Республика илмий- техникавий анжумани, Урганч давлат университети. Урганч. 2021-йил 19-20-апрел,. 2021.144–145 б.

93. Набиев Д.А., Тураев Х.Х., Нуркулов Ф.Н., Джалилов А.Т. Металл оксиди ва терефтал таҳлили кислота асосида синтез қилинган қилинган олигомернинг ИҚ - спектр таҳлили // "Замонавий кимёнинг долзарб муаммолари" мавзусидаги Республика миқиёсидаги хорижий олимлар олимлар иштирокидаги онлайн илмий-амалий анжумани. Бухоро, 4 - 5 декабрь. 2021. 493–495 б.

94. Набиев Д.А., Тураев Х.Х., Джалилов А.Т. Синтез қилинган металл терефталатнинг элемент таҳлилини ўрганиш // "Илмий ва инновацион фаолиятни тизими ривожлантириш ривожлантириш бўйича давлат бошқарув тизими такомиллаштирилиши давр талаби" мавзусидаги IV - Ҳалқаро конферинция 18 декабр 2020 йил. Тошкент. 2020. 152–154 б.

95 .Набиев Д.А., Тураев Х.Х., Джалилов А.Т., Нуркулов Ф.Н. ИК-спектроскопия и СЭМ-_анализ добавок на полимерных основе оксидов металлов и терефталевой кислоты для полимерных материалов // Universum Химия и биология. 2020. № 11(77). С. 67–69.

96. East G.C., Rahman M. Efeito do stress aplicado sobre a hidrólise alcalina do poli(tereftalato de etileno) geotêxtil. Parte 1: Temperatura ambiente // Polímero (Guildf). 1999. Vol. 40, № 9. P. 2281–2288.

97. Пилунов Г.А. Переработка отходов полиэтилентерефталата // Химическая промышленность. 2001. № 6. С. 22–28.

98 .Рудокова Т.П., Моисеев Ю.В., Чалых А.Е., Заиков Г.Е. Кинетика и водных механизм гидролиза полиэтилентерефталата в водных растворах гидроокиси калия // Высокомолекулярные соединения. 1972. Vol. XIV, № 2. С. 449–453.

99 .Ешимбетов А.Г. ИҚ-спектроскопия усулидан амалий қўлланма. 2014. 15–17 б.

100. Nabiev D., Turaev K. Estudo das Características de Síntese e Pigmentação da Composição da Ftalocianina de Cobre com Ácido Tereftálico. 2022. Vol. 70, № 8. P. 1–9.

O Dr. Khait Turaev Khudonazarovich é doutor em Ciências Químicas, professor, Universidade Estatal de Termiz. É o reitor da Faculdade de Química da Universidade Estatal de Termiz. Tem mais de 40 anos de experiência na área da química e engenharia química, tanto no sector académico como industrial.

Desenvolveu um extenso programa de investigação que aplica os seus conhecimentos em várias áreas-chave multidisciplinares, incluindo Química, Engenharia Química, Química de Polímeros, Química Física, e Química Colóide. A sua investigação resultou em muitas patentes e transferências de tecnologia. É autor de mais de 500 publicações de revistas e conferências, assim como de muitos livros.

O Dr. Nabiev Dilmurod Abdualievich é doutorado em filosofia das ciências técnicas (PhD). Termiz State University, Departamento de Tecnologia Química, Professora Principal. Tem mais de 5 anos de experiência na área da Química e Engenharia Química. Foi autor de um livro e de mais de 50 artigos científicos publicados em revistas de prestígio e anais de conferências internacionais, tudo sobre química e engenharia química, assim como de vários livros.

I want morebooks!

Buy your books fast and straightforward online - at one of world's fastest growing online book stores! Environmentally sound due to Print-on-Demand technologies.

Buy your books online at
www.morebooks.shop

Compre os seus livros mais rápido e diretamente na internet, em uma das livrarias on-line com o maior crescimento no mundo! Produção que protege o meio ambiente através das tecnologias de impressão sob demanda.

Compre os seus livros on-line em
www.morebooks.shop

Printed by Books on Demand GmbH, Norderstedt / Germany